当代大学生哲学思维方式养成研究

吴延芝　著

·北京·

内 容 提 要

本书以阐述古今中外不同时期、不同派别的哲学思维方式为主线，在内容设计上既有对前人思想的继承，又侧重于对大学生哲学思维方式的养成；既有关于哲学思维方式理论的系统阐述，又有针对大学生正确哲学思维方式养成的具体指导方法，目的是激发大学生理性思考的动力、灵性与快乐，养成正确的哲学思维方式，树立正确的世界观、人生观、价值观。

本书主要内容有哲学思维方式与当代大学生、古希腊罗马的哲学思维方式、西欧资本主义萌芽时期的哲学思维方式、18世纪启蒙时期的哲学思维方式、儒家思想的哲学思维方式，以及道家、法家思想的哲学思维方式等内容。

本书可作为普通高校大学生学习哲学的参考书，也可作为哲学爱好者的阅读书。

图书在版编目（CIP）数据

当代大学生哲学思维方式养成研究 / 吴延芝著. -- 北京 : 中国水利水电出版社, 2021.12
ISBN 978-7-5226-0027-7

Ⅰ. ①当… Ⅱ. ①吴… Ⅲ. ①大学生－辩证思维－思维方式－培养－研究 Ⅳ. ①B811.07

中国版本图书馆CIP数据核字(2021)第200072号

策划编辑：石永峰　　责任编辑：石永峰　　封面设计：梁　燕

书　　名	当代大学生哲学思维方式养成研究 DANGDAI DAXUESHENG ZHEXUE SIWEI FANGSHI YANGCHENG YANJIU
作　　者	吴延芝　著
出版发行	中国水利水电出版社 （北京市海淀区玉渊潭南路 1 号 D 座　100038） 网址：www.waterpub.com.cn E-mail：mchannel@263.net（万水） sales@waterpub.com.cn 电话：（010）68367658（营销中心）、82562819（万水）
经　　售	全国各地新华书店和相关出版物销售网点
排　　版	北京万水电子信息有限公司
印　　刷	三河市元兴印务有限公司
规　　格	170mm×240mm　16 开本　12.25 印张　158 千字
版　　次	2021 年 12 月第 1 版　2021 年 12 月第 1 次印刷
定　　价	68.00 元

前　　言

哲学思想是人类智慧的结晶，源于人类对未知世界的好奇与探索。宇宙论、人生论以及知识论是哲学的三大组成部分，各部分研究目的并不相同，按照冯友兰先生的观点，哲学包含三大部分：宇宙论目的在求对于世界之道理，人生论目的在求对于人生之道理，知识论目的在求对于知识之道理。而在康德看来，哲学研究的是下述三个问题：第一，我可以知道什么？第二，我应当做什么？第三，我可以期望什么？而这三个问题又可以汇成这样一个总问题：人是什么？所有这些都称得上大智慧，哲学就是关于大智慧的学说。

哲学思维方式是人类特有的理性思维方式。实践是人类社会生存的方式，在实践过程中，人们对于世界的认识逐渐从表面的感性认知上升为理性思维，形成对世界本质以及发展规律的认识，这种认识集聚在一起，形成理性思考。哲学思维方式是理性认知的一部分，带有强烈的抽象思维色彩。对于人类而言，哲学思维方式的作用有目共睹、不言而喻。哲学思维方式起源于生活又指导生活，是人们对于自然界、人类社会以及思维方式最具凝练性的认知。

进入 21 世纪以来，伴随着物质生活的极大丰裕、精神世界的重重压力以及互联网的加速发展，当代人尤其是年轻人的思维方式发生了巨大变化，“娱乐化、消遣化、躺平”等思维方式此消彼长，人类失去了思考的快乐、理解的挑战以及哲学的慰藉。哲学思维方式与人们渐行渐远，我们失去了思考的动力、灵性与快乐。往日那种“采菊东篱下，悠然见南山”的田园牧歌已然不见，“我见青山多妩媚，料青山见我应如是”的内心自足难寻踪迹，物质生活的富裕与精神世界的贫瘠并行存在，使得人们多了很多纠结与不解。英国作家查尔斯·狄更斯在《双城记》中如是说：“这是一个最好的时代，也是一个最坏的时代；这是一个智慧的年代，这是一个愚蠢的年代；这是一个信任的时期，这是一个怀疑的时期；这是一个光明的季节，这是一个黑暗的季节；这是希望之春，这是失望之冬。人们面前应有尽有，人们面前一无所有；人们正踏上天堂之路，人们正走向地狱之门。”

正如黑格尔在讲授哲学史时所说：“时代的艰苦使人对于日常生活中平凡的琐屑兴趣予以太大的重视，现实上很高的利益和为了这些利益而作的斗争，曾经大大地占据了精神上一切的能力和力量以及外在的手段，因而使得人们没有自由的心情去理会那较高的内心生活和较纯洁的精神活动，以致许多较优秀的人才都为这种艰苦环境所束缚，并且部分的被牺牲在里面。因为世界精神太忙碌于现实，所以它不能转向内心，回复到自身。”

当代大学生有比较扎实的理论思维能力，有强烈的求知欲望，愿意接受新鲜事物，喜欢挑战，具备一定的辩证思维能力，只是对于社会、对于人生尚缺乏经验，加上容易受一些不良思想的侵扰，世界观容易偏离正确的轨道。针对这种情况，社会、家庭以及学校都要加强教育，当然，关键因素在于学生自身。多阅读、多体验，树立正确的哲学思维方式，引导大学生健康成长。

“师者，所以传道授业解惑也”，本书作者为高校教师，长期从事马克思主义哲学课程教学与研究工作，深感在新时代培养学生正确哲学思维方式无比神圣且极具挑战性，它能够塑造大学生高贵的灵魂，培养他们在繁华世事中举重若轻、处变不惊的能力。

经过长时间精心准备，幸得各位朋友的鼎力相助、不吝赐教，《当代大学生哲学思维方式养成研究》终于面世。本书既有对于古希腊罗马时期、西欧资本主义萌芽时期以及18世纪启蒙时期哲学思维方式的论述，更包括中国的儒、道、法等传统文化蕴含的哲学思维方式，融会古今中外深厚的哲学思想，旨在帮助当代大学生树立正确的哲学思维方式，从传统文化中汲取古人智慧，了解他们的家国情怀，感受来自遥远年代的真、善、美，这对于树立正确的世界观、人生观、价值观，树立文化自信心，有极为重要的理论意义与现实意义。

本书既包括作者多年潜心学习、研究的心得，同时也充分借鉴前辈、同仁的新成果，在此表示衷心感谢。对于此书不足之处，欢迎读者、同仁不吝指正。

吴延芝

2021年7月于泉城济南

目　　录

绪论　哲学思维方式与当代大学生

哲学思想是人类智慧的结晶，源于人类对未知世界的好奇与探索。“哲学”一词起源于希腊文 Φιλοσοφία，本意是爱智慧、追求智慧的学问。在古人眼里，哲学是一门令人聪慧的学问。按照马克思主义的观点，哲学是关于世界观与方法论的学问，是系统化、理论化的世界观。“哲学既是以整个世界为其研究对象，是关于整个世界的最普遍、最一般的知识，因此，它所探究的问题是人类认识世界和改造世界的活动中一些最带有根本性的问题，其中最主要的问题便是物质和意识或思维和存在的关系问题。”[①]关于哲学，黑格尔认为：“哲学的特点就在于研究一般人平时所自以为很熟悉的东西。一般人在日常生活中，不知不觉间曾经运用并应用来帮助他生活的东西，恰好就是他所不真知的，如果他没有哲学修养的话。”[②]

按照冯友兰先生的观点，宇宙论、人生论以及知识论是哲学的三大组成部分，各部分研究目的并不相同，“哲学包含三大部：宇宙论目的在求对于世界之道理，人生论目的在求对于人生之道理，知识论目的在求对于知识之道理”[③]。“哲学，对于不懂哲学的人，似乎没有意义。但不懂哲学不等于可以离开哲学，因为哲学是人类认识世界的智慧，也是一个国家或一个民族思想文化成熟的标志。没

---

① 全增嘏主编《西方哲学史》，上海人民出版社，1983，第 2 页。

② 李超杰：《哲学的精神》，商务印书馆，2018，第 17 页。

③ 冯友兰：《中国哲学史》，华东师范大学出版社，2011，第 3 页。

有完整的哲学体系和代表人物，这个国家或这个民族的思想文化就没有达到历史性高度。”①

一、哲学的起源、作用及组成

1. 哲学的起源

原始社会，人类处于蒙昧时期，我们的祖先对于自然界以及人类社会有太多未知与好奇，电闪雷鸣、风雨山洪为何发生，人类生命从何而来，人类在广袤自然界中的地位等都是人们经常思考的，而这些问题也激起人们探索世界的好奇心。哲学就是探索与好奇的产物。伴随着生产力的发展，人类在奴隶社会时期开始探索世界的本源与本质问题，人类早期的哲学思想由此诞生。

按照雅斯贝尔斯的观点，在公元前800年到公元前200年间，古印度、古希腊以及中国分别产生了风格不同、各自独立的三个哲学体系，谓之“轴心时代”。对于这一观点，同意者有之，反对者亦有之。但是我们必须承认，雅斯贝尔斯的这一观点创设了人类文明的基本理论框架。

在公元前800年到公元前200年这段时间，印度教与佛教在古印度并存发展，奠定了印度文明的基础。在中国，轴心时代对应的则是春秋战国时期，在这一时期，诸侯征战、国家动乱、礼崩乐坏，原有的价值观念受到严重冲击，思想多元化土壤形成，儒家、道家、法家等诸多流派纷纷基于自己的社会地位、价值诉求提出治国安民的诸多措施，史称“百家争鸣”。“百家争鸣”孕育了中华五千年的文明基因。也恰恰是在这段时间，古希腊哲学思想也是异彩纷呈、名家辈出，泰勒斯被认为是古希腊哲学之父，他看到了水对于生命的重要性，由此认为水是万事万物的本源，泰勒斯也被视为古代朴素唯物主义的典型代表。与泰勒斯不同，

① 王洪江：《先哲纵览：中国近代的“精神领袖”——王夫之》，群言出版社，2012，第44页。

赫拉克利特则认为“火”才是世界的本源。在这期间，古代朴素唯物主义的最高成就当属德谟克利特，无与伦比的原子论使他成为古代朴素唯物主义成就的最高代表。另外，一脉相承的苏格拉底、柏拉图、亚里士多德也在这一时期出现，群星闪耀，共同奠定了古希腊哲学的基础。恩格斯说：“在希腊哲学的多种多样的形式中，差不多可以找到以后各种观点的胚胎、萌芽。”[①]

2. 哲学的作用

哲学属于上层建筑，产生于人们对世界的好奇与探索，是世界观、方法论。古往今来，对于哲学，人们有很多误解。有人认为哲学是无用之学，有人认为哲学就是一种思想上的诡辩，也有人认为哲学是万能的。哲学的作用主要包括以下几点。

第一，人类对于智慧的追求与向往。

哲学一词源自西方，本意是爱智慧、追求智慧，哲学研究的是世界观和方法论，是人在大千世界安身立命的根本，是人与动物最主要的区别。

在几千年的文明历程中，人类逐渐学会了与大自然相处、与周围人交往、与自己和解，对于生存智慧的追求从来没有间断。不管是中国儒家的积极进取、道家的无为智慧，还是西方的唯物主义、辩证法，都是人类智慧的结晶。人类借助唯物主义看清世界的本来面目，世界的物质统一性原理使得人类更加理性，而辩证法思想帮助人类明白任何事物都有相反相成的两个方面，在对立统一中把握世界的发展方向。另外，东方儒者的仁政、爱人思想一直是统治者治理天下、稳定民心的关键因素，“得民心者得天下”，古今中外概莫能外。道家的睿智通达、法家的锐利严苛，都是中国哲学给予世界的独特贡献。

---

①恩格斯：《自然辩证法》，人民出版社，1977，第30页。

第二，提高人的精神境界。

哲学与每个人的生活息息相关。对于哲学，有人认为其为阳春白雪，只掌握在少数人手里；有人则认为哲学离不开生活，日常生活处处皆是哲学。这其实就是哲学的专业化与通俗化之间的矛盾。苏格拉底讲授哲学的方式至今依然为人津津乐道，因为在苏格拉底那里，哲学与生活是紧密不可分割的整体，集市上、人群中都是苏格拉底哲学思想传播的舞台。孔子在杏坛设教，开中国私塾之先河。除去讲学，孔子经常带着弟子周游列国，在宣传自己政治主张的同时，增长学生的见识，提高人的精神境界。“知行关系是中国哲学家特别重视的问题之一，它所涵盖的是理论理性与实践理性的统一。中国哲学家偏重于践行尽性，履行实践。古代哲学家的兴趣不在于建构理论体系，不是只把思想与观念系统表达出来就达到目的，而在于言行一致、知行合一，自己所讲的与自家身心的修炼必相符合。”[①]

第三，一种理性的快乐。

按照马克思主义的观点，哲学是理论化、系统化的世界观，也就是说，哲学是一种理性的思考、冷静的智慧。甚至有人认为，越是动乱年代，哲学越会逆风飞舞、繁荣发展。这也从另一个侧面证明，哲学的确是对生活尤其是痛苦生活的反思，生活稳定、节奏太快，人们来不及或者不愿意对生活有反思，也就不会有太卓越的哲学思想产生。

在康德看来，“他的哲学研究的是下述三个问题：第一，我可以知道什么？第二，我应当做什么？第三，我可以期望什么？而这三个问题又可以汇成这样一个总问题：人是什么？所有这些都称得上大智慧，哲学就是关于大智慧的学说”[②]。庄周在与他的朋友慧施讨论“子非鱼焉知鱼之乐”的物我两分问题时，通

---

① 张岱年、方克立主编《中国文化概论》（修订版），北京师范大学出版社，2004，第260页。
② 李超杰：《哲学的精神》，商务印书馆，2018，第24页。

过文字，我们可以看出，哲学家是快乐的，他们沉浸于自己的世界中，用自己理性的方式和手段解读这个世界。另外，庄子阐释快乐的根本，“万物的本性和天赋能力各有不同，他们之间的共同点是当他们充分并自由发挥天赋才能时，便同样感到快乐。《庄子·逍遥游》里叙述大鹏与小鸟的故事，大鹏和小鸟的飞翔能力全然不同，大鹏能够扶摇直上九万里，小鸟甚至从一棵树飞到另一棵树都感到勉强。但是大鹏和小鸟各尽其能飞翔时，都感到自己非常快乐”[①]。

另外，生死一直是人类最为关注的问题，人们之所以不快乐，很大一部分原因是对于生死问题的迷惘与忧虑。庄子认为，只要对人的本性有正确的了解，很多恐惧和忧虑是可以消除的。在《庄子·至乐》中，借用庄子妻故去，说明道家思想家对于生死的彻悟与超脱。“庄子妻死，惠子吊之，庄子则方箕踞鼓盆而歌。惠子曰：‘与人居，长子老身，死不哭亦足矣，又鼓盆而歌，不亦甚乎！’庄子曰：‘不然。是其始死也，我独何能无概然！察其始而本无生，非徒无生也而本无形，非徒无形也而本无气。杂乎芒芴之间，变而有气，气变而有形，形变而有生，今又变而之死，是相与为春秋冬夏四时行也。人且偃然寝于巨室，而我嗷嗷然随而哭之，自以为不通乎命，故止也。’”[②]品读庄子的文章，一种对于人生、对于生死了然于胸的旷达与淡然跃然纸上。

3. 哲学的组成

关于哲学的构成因素，在不同思想家看来是不同的。归纳起来，哲学主要包括以下内容。

第一，形而上学。

“形而上学”取自亚里士多德的“物理学之后（metaphysics）”，是除去自认

---

① 冯友兰：《中国哲学简史》，新世界出版社，2004，第112页。

② 陈鼓应、蒋丽梅译注《中信国学大典·庄子》，中信出版社，2013，第253页。

科学之外的其他科学。严复根据《周易·系辞》中“形而上者谓之道，形而下者谓之器”的说法，将其翻译成形而上学。形而上学主要讨论的问题有两部分，即宇宙论与本体论。

宇宙论主要的焦点在于世界的起源以及构成，而本体论主要探讨世界的本原或者本体问题。在宇宙论问题上，最初的人类由于科学技术水平有限，各个民族几乎都把世界的起源归结为某种人类不可控的神的意志。欧洲有上帝创世说，在中国也有关于女娲娘娘抟土造人、盘古开天辟地之类的神话传说。哥白尼的日心说同样属于宇宙论。在本体论问题上，唯物主义与唯心主义是主要的两大派别，其分歧主要在于物质和意识何者是世界的本原。按照对于物质概念的不同理解，唯物主义又可以分为古代朴素唯物主义、近代形而上学唯物主义、辩证唯物主义和历史唯物主义。古代朴素唯物主义、近代形而上学唯物主义对于物质概念的理解都有偏颇，只有马克思主义的辩证唯物主义，从个别与一般、共性与个性的角度出发，正确解读了物质最基本的特性——客观实在性。唯心主义分为主观唯心主义与客观唯心主义两大派别，在中国，程朱理学与陆王心学分别属于客观唯心主义与主观唯心主义，区别之处就在于是否夸大了个人的感觉与经验。

第二，逻辑学。

古希腊最初的哲学家都是自然哲学家，着重于对世界本原的探讨，如泰勒斯的水、毕达哥拉斯的数等，后来的柏拉图、亚里士多德也深受自然哲学的影响，“他们都以对待自然的方法对待人事，采取逻辑分析的态度，作纯粹理智的批判”。亚里士多德树立了最初的逻辑学的理论地位，传统逻辑学得以建立。一般说来，逻辑学分为两种形式：归纳与演绎。

归纳与演绎符合人类逻辑思维的规律，时至今日，马克思主义哲学依然认为归纳与演绎是人类最基本的思维方式。“归纳与演绎是人类思维从个别到一般，又由一般到个别的最常见的推理方式，归纳是从个别事物中概括出一般性结论，是由个别性前提过渡到一般性结论的推理形式，演绎是从一般原理走向个别结论，是由一般性原则推导出个别结论的推理形式。”①

第三，认识论。

认识论自古以来就是哲学的重要分支，所谓认识论，就是研究认识的起源、本质、规律的学说。认识论问题自从哲学产生就一直存在，只是相对于本体论而言，没有占到主体地位。以笛卡尔“我思故我在”提出为标志，哲学研究的重点开始逐渐转向认识论。

与本体论问题一样，在认识论问题上也一直存在两种不同的观点：可知论和不可知论。所谓可知论，就是坚持世界是可知的，即使人类能力有限，但迟早有一天会认识到。世界上绝大多数哲学家，包括唯心主义哲学家，在认识论问题上都坚持可知论。不可知论者认为世界不可知或者不完全可知。另外，“在认识的本质问题上，存在着两条根本对立的认识路线：一条是坚持从物到感觉和思想的唯物主义认识路线，一条是坚持从思想和感觉到物的唯心主义路线”②。

人类的认识运动是永无止境的辩证发展过程。感性认识是人类认识的开始阶段，经由感性认识得到的是关于事物表面现象的认识。要想得到关于本质的规律就必须从感性认识上升为理性认识。而理性认识阶段的结论还必须经过实践的检验，毛泽东指出：“一个正确的认识，往往需要经过由物质到精神，由精神到物质，即由实践到认识，由认识到实践这样多次的反复才能够完成。”③

---

① 《马克思主义基本原理概论》编写组编《马克思主义基本原理概论（2015 年修订版）》，高等教育出版社，2015，第 50 页。

② 《马克思主义基本原理概论》编写组编《马克思主义基本原理概论（2015 年修订版）》，高等教育出版社，2015，第 64 页。

③ 中共中央文献研究室编《毛泽东文集》第 8 卷，人民出版社，1999，第 321 页。

第四，伦理学。

伦理学又称“道德哲学”，在西方语境中，伦理学始于亚里士多德时期，关注的焦点在于善、恶、责任、义务、美德、良心等，旨在探讨道德的可能性与必要性。中国哲学中，伦理学所占比重较大。在牟宗三看来，“中国哲学特重主体性与内在道德性。中国哲学的三大主流，即儒释道三教，都重主体性，然而只有儒家思想这主流中的主流，把主体性复加以特殊的设定，而成为内在道德性，即成为道德的主体性。西方哲学刚刚相反，不重主体性，而重客体性，大体是以知识为中心而展开的”①。

伦理学抑或道德哲学在中国的历史非常久远，古代哲人都非常注重自身修养问题。“儒家强调修身立德，自孔子到孟子、荀子再到宋明的理学家，都非常重视自律在道德修养过程中的作用。孔子强调道德自律，注重自我修养。孔子曾说‘为仁由己’，‘由己’就是由自己，‘为仁’意为施行仁爱。‘为人由己’就是由自己出发而对其他人施行仁爱，即在自己的道德意志行为中自觉地贯彻仁爱原则，所体现的是一种道德主体的自觉。孟子明确提出性善论，把人性规定为善，并在道德经验生活中去论证善性的真实性，如见孺子将入于井而生恻隐之心。朱熹主张革尽人欲之私，复尽天理，达到至善的境界，为此他提出持敬的思想，持敬就是穷尽天理的修养方法。所谓敬，并不是无所作为，而是内心修养到谨慎状态，时刻提防，不敢放纵自己的私欲，无论何时何地，都敬守勿失，不可间断。王阳明提出扫除廓清，即清除心中欲念。他认为至善之理存在于人的内心之中，必须保持内心清净，不为欲念所染，若有一毫欲念，众恶就会相引而来。”②

---

① 牟宗三：《中国哲学的特质》，上海古籍出版社，2007，第 4 页。

② 张岱年、方克立主编《中国文化概论（修订版）》，北京师范大学出版社，2004，第 330 页。

第五，美学。

对于美的描绘与向往，是人类一直以来的追求与梦想，也是人与动物最主要的区别之一。柏拉图与亚里士多德都曾经系统阐释过自己对于美的看法。美学主要探讨的问题包括自然美与艺术美的关系，美的主观性与客观性，美与真、善之间存在何种关系等。在柏拉图看来，美最主要的是要依靠美本身而非外在的东西，“如果有人对我说，某个特定事物之所以是美的，因为它有绚丽的色彩、形状或者其他属性，我都将置之不理。我发现它们全都令我混乱不堪。我要简洁明了的或者简直是愚蠢的坚持这样一种解释：某事物之所以是美的，乃是因为绝对的美出现于它之上或者该事物与绝对的美有某种联系，而无论这种联系方式是什么，依靠美本身，美的事物才成为美的”[①]。

二、东西方哲学不同的发展阶段

“从历史发展进程来看，西方哲学大致经历了这样一些时期：古代奴隶制社会的哲学（公元前 7 世纪—公元 5 世纪），中世纪封建社会的哲学（公元 5 世纪—公元 14 世纪），资本主义关系形成时期的哲学（公元 14 世纪—16 世纪），资产阶级革命时期的哲学（公元 17 世纪—19 世纪），从自由资本主义时期到垄断资本主义时期的哲学（公元 19 世纪中叶至今）。”[②]

1. 西方哲学的发展阶段

第一，奴隶社会的哲学发展。

在奴隶社会，由于科学技术水平不发达，人们对于自然界以及人类社会的认识相对困难，在这样的背景下，哲学研究的中心主要集中在本体论问题上，

---

① 李超杰：《哲学的精神》，商务印书馆，2018，第 197 页。

② 全增嘏主编《西方哲学史》，上海人民出版社，1983，第 16 页。

哲学首先要回答的就是：世界的本源是什么？宇宙万物是如何产生的？人在宇宙中的地位到底如何？针对这些问题的争论，产生了早期的唯物主义与唯心主义。早期唯物主义又被称为古代朴素唯物主义，这代表的是人类童年与早期的不成熟阶段。在这个阶段，哲学家针对本体论问题纷纷提出自己的观点。赫拉克利特是其中的典型代表，在他看来："这个世界，对于一切存在物都是一样的，它不是任何神创造的，也不是任何人创造的，它过去、现在、未来永远是一团永恒的活火，在一定的分寸上燃烧，在一定的分寸上熄灭。"[①]赫拉克利特的观点不仅包含着唯物主义的思想，也蕴涵着辩证法思想的萌芽，"活火"意味着一切皆动。"赫拉克利特作为辩证法的奠基人之一，不仅在于他说出了一切皆流万物皆变的思想，更可贵的是他还在欧洲哲学史上首次提出了关于对立面的统一和斗争的学说。"[②]

第二，中世纪的哲学发展。

欧洲中世纪，社会发展的主要特点之一就是神权高于皇权，罗马教皇的权利要远远高于世俗皇帝的权力。在这种环境下，哲学丧失了其理性，失去了智慧的光辉，也失去了探索的锋芒，完全沦为宗教的工具。对于基督的信仰，让人们远离真正的哲学与科学，经院哲学大行其道，其最主要的任务就是论述基督教教义的神圣与崇高。托马斯·阿奎那被认为是经院哲学的代表，他认为，任何能使人类认清真理的智慧都是由"天主"所先行赋予的，其代表作品为《神学大全》。阿奎那的思想被罗马教皇利奥十三世定为罗马教皇的官方哲学，伴随着基督教在西方世界独一无二的传播与影响，阿奎那的思想也对世界思想史产生了广泛而深刻的影响。公元 1999 年，由西方媒体评选出的公元 1000 年到公元 2000 年间影

① 全增嘏主编《西方哲学史》，上海人民出版社，1983，第 43 页。
② 全增嘏主编《西方哲学史》，上海人民出版社，1983，第 49 页。

响世界的千年思想家，阿奎那甚至超越了黑格尔与费尔巴哈，名列第五。公元1096—1291年间，罗马在基督教的统领下，开始了长达两个世纪的十字军东征，欧洲的中世纪哲学随之没落。

第三，资产阶级的哲学发展。

公元14到16世纪，经历了中世纪沉重思想束缚的欧洲人，倡导了一场思想史上伟大的解放运动，史称“文艺复兴”。文艺复兴借助于复兴古希腊、古罗马文化的形式来表达自己的文化主张，其实质上是一场资产阶级革命。文艺复兴最初产生于地中海沿岸的城市，诸如米兰、佛罗伦萨，后来蔓延到整个西方世界。文艺复兴运动的实质是要把人从中世纪的重重压迫之下解放出来，同时把哲学从神学的桎梏中解放出来。认识论成为近代西方哲学的主要内容，其主要目的是探讨知识的来源、范围，检验认识真理性的标准，真理的绝对性及相对性等。

2. 东方哲学的发展阶段

东方哲学，最主要的是中国哲学与印度哲学。我们以中国哲学为例说明东方哲学的发展历程。“中国哲学在这个文化系统中起着主导作用。中国传统文学、艺术、教育、科学、宗教、风俗等，莫不受哲学思想的引导与影响。中国哲学凝聚了中华文化的基本精神，是中华民族数千年文明发展的结晶。在西方文化中，宗教处于核心地位，然而在中华文化中，宗教的功能基本上是由哲学承担的。自古以来，中国人对于宇宙的看法、对人生的看法，他们生活的意义，他们的价值信念，他们赖以安身立命的终极根据，都是通过中国哲学加以反映、凝结和提升的。”①

中国哲学萌芽于殷商时期，思想丰富，博大深远，恢弘万千。其中包含着中国古人治国理政的美好理想与行为做事的睿智广达。春秋战国时期形成的诸子百

①张岱年、方克立主编《中国文化概论》，北京师范大学出版社，2004，第245页。

家，可谓中国哲学诞生以来最早的黄金时代。这一时期的很多哲学家基于自身的社会地位，提出本学派修身齐家、治理国家的种种措施，直到今天，古人的思想依旧在熠熠生辉，对于今天的人们依然具有非常强大的教育作用，潜移默化为代代相传的文化基因，成为中华优秀文化不可分割的组成部分。

在中华优秀传统文化的思想宝库里，影响最大的哲学思想当属“原始儒家、原始道家、中国佛学和宋明理学”①。儒、道、佛三位一体，共同构成中国传统哲学的底色。

第一，原始儒家。

原始儒家的创始人为孔子，后继者包括子思、颜渊、孟子、荀子等。儒家思想的核心为“仁”，即“仁者爱人”。孔子生活的年代，诸侯征战，百姓生活动荡、流离失所，见此，孔子力劝统治者“行仁政”，“君之视臣如手足，则臣之视君如腹心；君之视臣如犬马，则臣之视君如国人；君之视臣如土芥，则臣之视君如寇雠”②。“仁”的思想也深刻影响到其他儒者。荀子更是将君王与百姓的关系比喻成舟与水的关系：“君者，舟也；庶人者，水也。水则载舟，水则覆舟。”③另外，以孔子为代表的儒家思想既是仁爱理论的创立者，同时也是奋发有为精神的践行者，立德、立功、立言为三大不朽之成就。与道家思想的老成睿智相比，儒家思想更像是一个勇敢前行、奋发有为的青年，他秉持仁爱之心，遵循修齐治平之路，穷则独善其身，如果外部条件允许，就会积极投身到爱国爱民的事业中去。

第二，原始道家。

老子与庄子是原始道家的开创者。《道德经》睿智老成、超凡脱俗，像一位历

---

①张岱年、方克立主编《中国文化概论》，北京师范大学出版社，2004，第245页。
②方勇译注《孟子》，中华书局，2010，第151页。
③张觉撰《荀子译注》，上海古籍出版社，2012，第96页。

经世事的老者向后来人诉说人生的经验。《庄子》诙谐生动、行文雍容华贵，擅长用故事说明观点。“道家认为，真正的哲学智慧，必须从否定入手，一层层除去表面的偏见、执着、错误，穿透到玄奥的深层去。宇宙真相与奥秘，是在层层偏见剥落之后才能一步步见到的，最后豁然贯通在我们人内在的精神生命中。”①

第三，中国佛学。

佛教起源于印度，两汉之际主要经由丝绸之路传入中国。传入中国之后的佛教历经汉代到唐代600余年的演变，被中国人用自己的文化进行改造，从而形成适应中国人需要、为中国人所接受的宗教形式。中国化了的佛教主要包括天台宗、禅宗以及华严宗。“佛教的人生智慧，自有与儒、道相通之处。中国佛教哲学，削减了宗教的意识，更加世俗化。”②

三、哲学思维方式

1. 哲学思维方式的含义及其作用

所谓哲学思维方式，就是人们在认识世界、改造世界过程中所运用的独具哲学特征的思维方式。哲学思维方式是人类特有的理性思维方式。实践是人类社会生存的方式，在实践过程中，人们对于世界的认识逐渐从表面的感性认知上升为理性思维，形成对世界本质以及发展规律的认识，这种认识集聚在一起，形成理性思考。哲学思维方式是理性认知的一部分，带有强烈的哲学色彩。

对于人类而言，哲学思维方式的作用有目共睹、不言而喻。哲学思维方式起源于生活，是人们对自然界、人类社会以及思维方式最具凝练性的认知。原始社会属于人类的童年，生产力水平低下，对于自然界的风雨闪电、人类社会的生老

---

① 张岱年、方克立主编《中国文化概论》，北京师范大学出版社，2004，第248页。
② 张岱年、方克立主编《中国文化概论》，北京师范大学出版社，2004，第249页。

病死无法认知，几乎茫然无措，只能借助宗教的力量，将生存的希望与勇气寄托于虚无缥缈的神灵。原始宗教产生的最主要原因就是人们对于世界的迷惑与不理解。到了奴隶社会，随着生产力的发展以及早期科学技术的产生，人们已经不满足于仅仅依靠神灵的力量生存，认识世界、解释世界成为必须。人类的祖先开始尝试用一种不同于宗教的、理想的眼光去审视生活的世界，理性的哲学开始走入人们的视野，随之而来的是哲学思维方式的诞生。几千年来，哲学思维方式始终与人类共生存在。它帮助人们打开内心窗户，开启生活智慧，在学会与世界和解的同时与自己和解。

2. 哲学思维方式的主要内容

遍览东西方哲学，其中蕴含的哲学思维方式博大精深，值得后人仔细学习体会。对于大学生而言，哲学思维方式主要包括以下几点。

第一，辩证思维。

辩证思维方式古已有之。所谓辩证思维方式，就是用运动变化发展一分为二的观点看问题。在中国，老子、庄子、孙子都是辩证法大师，其辩证思想至今仍为人们津津乐道。“老子的辩证法是中国最古老最庞大的辩证法思想体系，从古至今对中国数千年历史产生了重大而深远的影响，不仅表现在哲学思维的领域，而且渗透到社会生活的方方面面，在一定程度上决定着中国人的思维方式、生活观念，成为中国传统文化的重要组成部分，老子提出的以及由老子思想衍生出来的许多还乎辩证意味的成语格言，如以柔克刚、相反相成、物极必反、祸福相依、不争而善胜、无为而无不为等，早已深入人心，成为中国百姓宝贵的精神财富和智慧源泉。因此，老子也成为中国哲学史上的辩证法大师。”[①]在西方，辩证法思想体系可以追溯到古希腊时期的赫拉克利特。赫拉克利特是古希腊朴素辩证法

① 吴延芝、孙晓华编著《中华传统文化教程》，山东大学出版社，2019，第50页。

的奠基人，在他看来，一切皆流，无物常住，太阳每一天都是新的。而且，正因为世间万物每时每刻都在发生变化，人不可能两次踏进同一条河流。黑格尔是一位辩证法大师，“黑格尔在西方哲学史上第一次系统地、自觉地表述了辩证法的基本特征，把辩证法提升为思维的基本规律，制定了辩证法的基本规律的内容，他企图用辩证法总结客观世界的规律性和人类认识历史的科学。所以黑格尔是哲学史上对辩证法做了全面叙述的第一个哲学家。辩证法是黑格尔哲学最主要的贡献”①。

第二，实践第一。

实践是人类生存和发展的首要问题。注重实践的作用是古往今来一种非常重要的哲学思维方式。在中国，理论与实践的关系问题一直就是哲学家热衷探讨的问题之一，并在王阳明的“知行合一”理论达到顶峰。在王阳明看来，知与行是完全统一的。“王阳明认为知行关系是两者的辩证统一，人的任何实践活动都必然以人的认识作为指导，而人的任何认识都必然依赖于将认识付诸实践后才能得到验证。”②“知行合一的知，不是知道，而是良知，是每个人内心与生俱来的道德感与判断力。找到并遵循内心的良知，复杂的外部世界就将变得格外清晰，致胜决断，了然于心。”③

实践的观点是马克思主义认识论首要的和基本的理论观点，“马克思在《关于费尔巴哈的提纲》这个包含着天才萌芽的第一个文献中，阐明了实践是感性的、对象性的物质活动，认为全部生活在本质上是实践的，强调哲学的重要使命在于指导实践改造世界”④。因此，“人的认识从实践中产生，服务于实践，随实践发

① 全增嘏主编《西方哲学史》，上海人民出版社，1983，第213页。

② 张靖杰译注《传习录》，江苏凤凰文艺出版社，2015，第5页。

③ 度阴山：《知行合一王阳明》，北京联合出版公司，2014，第1页。

④ 《马克思主义基本原理概论》编写组编《马克思主义基本原理概论（2015年修订版）》，高等教育出版社，2015，第59页。

展，并接受实践的检验，实践是认识到来源、动力、目的和检验其真理性的标准，实践决定认识。所谓实践第一，理由就在这里”[①]。

第三，勇于批判。

哲学是人类理性思考的产物。黑格尔认为，哲学是对于生活尤其是痛苦生活的反思，唯有反思才会有哲学。所以，哲学史上非常耐人寻味的事情就是哲学的黄金时代往往与社会动荡不安、百姓生活困苦紧密相连。正因为是对生活的理性反思，哲学思维方式始终伴随着勇于批判的勇气与决心，其中包括审视自己的不合时宜的观点。王阳明年少时深受朱熹理学思想的影响，认为“理在事先”。按照朱熹的理论，天下一草一木都有自己的道理，做学问就是要推究事物的道理。对此王阳明最初是深信不疑的，他与朋友相约开始推究竹子的道理。三天之后，朋友头昏脑胀已经无法坚持，王阳明在坚持了七日七夜之后也是一无所获，为此他开始怀疑朱熹理学的可操作性，怀疑之后王阳明提出了自己的“致良知”学说。所谓“致良知”，就是说认识的对象应该是自己的心灵，认识的方法应该是向内的自我体验。

不只中国，西方哲学也是在不断批判以往的不合理思想中不断进步的。古希腊三贤之一的亚里士多德认为，如果从高空中同时将轻重两只球抛下，重的会先落地。因为亚里士多德的地位和影响，在其后的很多年一直没有人敢对此种理论提出公开质疑，直到伽利略的出现。1589 年，当时还只是一名年轻数学教师的伽利略将两个分别重 100 磅和 1 磅的铁球从比萨斜塔同时抛下，在众人的注视之下，两个铁球几乎同时落地。伽利略用实验证明了亚里士多德理论的错误。比萨斜塔试验也一直作为理性思考、敢于怀疑、敢于批判的丰碑而存在。

---

① 《马克思主义基本原理概论》编写组编《马克思主义基本原理概论（2015 年修订版）》，高等教育出版社，2015，第 64 页。

四、哲学思维方式与当代大学生的关系

在互联网时代，信息传播极其迅速，教材、课堂已经不是学生获取知识的唯一方式。在这种情况下，学生掌握知识的广度、深度日益加强，现在的大学生比以往任何时代的学生都拥有无与伦比的优势，当然也会面临各式各样的挑战。如何面对中国传统文化，如何面对通过各种方式传播而来的西方文明，如何在竞争日益激烈的市场经济时代安身立命，如何看待当今世界经济、政治舞台的风云变幻，这一切，都值得大学生和所有教育工作者格外关注。而掌握正确的哲学思维方式，有助于大学生正确、冷静地看待世界，让自己的青春不再迷茫，在快速发展的时代大潮中找到安身立命的根本，掌握好人生的方向，扣好人生的第一粒扣子。

真正的哲学是时代精神的精华和思想智慧，是人类美好生活的向导。哲学思考是对于世界的理性思考，哲学思维方式有助于用正确的理论武装自己，找到人生的正确方向。树立正确的哲学思维方式，对于大学生的成长、成才意义非凡，这主要表现在以下几点。

1. 正确的哲学思维方式有助于大学生树立正确的世界观

所谓世界观，就是人们对于世界的总体看法。每个人都有自己的世界观，且各自不同。世界观的差异，与年龄、职业、家庭教育、性格特点、个人经历息息相关。世界观决定人生观与价值观，一般来说，有什么样的世界观就会有什么样的人生观与价值观。世界观、人生观、价值观三位一体，就是“三观”。“三观”教育对于大学生而言尤为重要。

从古至今，世界观范畴的对立归根到底就是唯物主义与唯心主义、辩证法与形而上学之间的斗争。

唯物主义与唯心主义的斗争由来已久。在古代，由于生产力发展缓慢，科学技术水平低下，人们对于世界的各种现象无法解释，只能求助于“神灵”，由此产生了最早的唯心主义。按照马克思主义的观点，唯心主义又可以分为主观唯心主义与客观唯心主义，二者之间的区别在于是否夸大“我”的感觉和经验。王阳明“心外无物”属于典型的主观唯心主义；而朱熹“理在事先”则夸大了客观精神的存在，属于典型的客观唯心主义。在古希腊，唯物主义的源头可以回溯到泰勒斯，在他看来，万事万物的生存发展都离不开水，由此他认为，水是世界万物的源头。古代中国的阴阳五行说认为水、火、木、金、土相生相克，产生世界万物。古代朴素唯物主义成就最高的代表当属德谟克利特，在遥远的古代，他用近乎完美的天才猜测，为世界定义了“原子”这个最小微粒。

唯物主义与唯心主义斗争的焦点就在于物质和意识何者为世界的本原或者本体。20 世纪初期，列宁综合前人的观点，对于“物质”概念作出解释：“物质是标志客观实在的哲学范畴，这种客观实在是人通过感觉感知的，它不依赖于我们的感觉而存在，为我们的感觉所复写、摄影和反应。”[①]列宁的物质概念正确坚持了唯物论与可知论，利用共性与个性相统一的原理，从千千万万的具体个性中找到物质的共性，提出客观实在性是一切物质所具备的共性。

与唯物主义和唯心主义的斗争相伴随的，还有辩证法与形而上学的对立。“形而上学”一词翻译自英文 metaphysics，该词原为亚里士多德著作的名称，该著作专讲事物本质、灵魂、意志自由等研究经验以外的对象，排在研究事物具体形态变化的《物理学》(*Physica*) 一书之后，并名之为《物理学之后诸卷》。metaphysics 的中文译名“形而上学”是根据《易经·系辞》中“形而上者谓之道，形而下者

① 《马克思主义基本原理概论》编写组编《马克思主义基本原理概论（2015 年修订版）》，高等教育出版社，2015，第 24 页。

谓之器”一语翻译的。目前哲学界将形而上学视为一种哲学思维方式，特指用孤立、片面、静止的观点看问题。与之相对立的，辩证法反对因循守旧、墨守成规，认为世界万物都是在不断地运动、变化、发展，“唯物辩证法的一系列规律、范畴和原理，都具有世界观和方法论的意义”①。

树立正确的哲学思维方式，有助于大学生世界观的养成。“坚定的理想信念，必须从夯实科学世界观开始。共产党人的社会主义和共产主义的理想信念，立足的根基就是辩证唯物主义和历史唯物主义的科学世界观。”②马克思主义世界观是迄今为止最科学的世界观。“党的十八大以来，习近平总书记在不同场合多次强调树立正确世界观的重要性，并在党的十九大报告中指出要解决好世界观、人生观、价值观这个总开关问题。中国共产党人在马克思主义的科学世界观和方法论的指导下，找到了革命、建设、改革的正确道路，同时发展成为成熟的无产阶级政党。在中国特色社会主义新时代，要朝着实现中华民族伟大复兴的宏伟目标奋勇前进，每个人理应掌握马克思主义科学世界观。”③

2. 正确的哲学思维方式有助于大学生树立正确的人生观

人生观是人们对于人生目的、意义的总体看法和根本观点，是世界观的重要组成部分，正确的人生观可以使人端正人生态度，调整人生期望，实现有价值的人生。一般来说，人生观有三大组成部分：人生目的、人生态度以及人生评价。

---

① 《马克思主义基本原理概论》编写组编《马克思主义基本原理概论（2015 年修订版）》，高等教育出版社，2015，第 47 页。

② 中国社会科学院习近平新时代中国特色社会主义思想研究中心：《始终坚持马克思主义的科学世界观》，《光明日报》2018 年 7 月 16 日。

③ 中国社会科学院习近平新时代中国特色社会主义思想研究中心：《始终坚持马克思主义的科学世界观》，《光明日报》2018 年 7 月 16 日。

第一，人生目的。

生而为人，与动物有着严格的区别，其中非常重要的一点就是人生一定要有自己的目的。每个人的成长环境、家庭背景不同，对于人生的目的也会各自不同。有人将养家糊口作为人生目的，有人将留名青史作为一生志向；有人如鸿毛在人世间轻轻滑过，有人为历史留下厚重的印记。人生目的不同，成长道路自然不同。古代中国的哲人，很早就有对于人生目的的思考。《论语》记载孔子曾经和弟子们一起谈论自己的人生志向。“子路、曾皙、冉有、公西华侍坐。子曰：‘以吾一日长乎尔，毋吾以也。’居则曰：‘不吾知也！如或知尔，则何以哉？’子路率尔而对曰：‘千乘之国，摄乎大国之间，加之以师旅，因之以饥馑；由也为之，比及三年，可使有勇，且知方也。’夫子哂之。‘求，尔何知？’对曰：‘方六七十，如五六十，求也为之，比及三年，可使足民。如其礼乐，以俟君子。’‘赤，尔何如？’对曰：‘非曰能之，愿学焉。宗庙之事，如会同，端章甫，愿为小相焉。’‘点，尔何如？’鼓瑟希，铿尔，舍瑟而作，对曰：‘异乎三子者之撰。’子曰：‘何伤乎？亦各言其志也！’曰：‘莫春者，春服既成，冠者五六人，童子六七人，浴乎沂，风乎舞雩，咏而归。’夫子喟然叹曰：‘吾与点也！’”①孔子不仅创立了儒家思想，而且奠定了中国人对于人生目的的主基调。林语堂从中国文化传统的角度，对这个问题做了解答，他认为，中国人深受孔子人文主义的影响，大多数人的人生目的是乐天知命，以享受朴素的生活，尤其是家庭生活和和谐的社会生活。人生的目的在于纯洁而健全地享受生活，人生的最大成功是在此尘世生活上能达到和谐而快乐的程度。

受孔子思想的影响，大多数中国人将人生目的定义为自我修养、乐天知命。抗倭名将戚继光率领戚家军将倭寇赶出中国领土，朝廷因此为他加官晋爵。头脑

① 钱穆：《论语新解》，生活·读书·新知三联书店，2002，第269页。

清醒、满怀爱国之志的戚继光用诗歌表达自己内心最真实的追求：“封侯非我意，但愿海波平。”在王阳明11岁的时候，他郑重其事地问自己的私塾先生：“何谓第一等事？”一位年幼的孩童能够问出如此终极性的问题，着实令私塾先生大为吃惊。先生按照社会主流的要求回答：当然是读书做大官。先生的回答，在当时的社会实属正常。王阳明生活的年代，程朱理学大为流行，皇帝钦点朱熹所作《四书集注》作为科举考试的标准，一时间，天下学子都以学习朱熹理学、科举取士作为人生目的。在王阳明看来，人生第一等事是读书做圣贤。而王阳明也用自己的一生践行了这个人生目的。王阳明一生，著书立说，平定叛乱，教化蛮夷，可谓中国人“立德、立功、立言”三不朽的典范。可就是这样风光无限的王阳明，在人生的最后时刻，最让他念念不忘的还是他的教师职业。明嘉靖七年（1528）农历十一月，身体每况愈下的王阳明乘船抵达南安，这时候他最想做的依然是与弟子们探讨心学，他强撑病体给弟子们写信，告诫他们要好好“致良知”，奈何身体已经不允许他这样做了。在生命走向终点的时刻，他对学生周积说：“此心光明，亦复何言？”[①]王阳明用自己的一生践行了幼时的志向，人生的目的并非在于任何身外之物，求得内心安宁才是终极目的。

21世纪是科技飞速发展的时代，生活节奏比以往任何时代都快。在这种快节奏的生活影响之下，人们逐渐丧失了修身自律的实践与勇气，随之而来的也有内心的焦虑以及对现状的不满，抱怨、戾气随处可见。大学生从法律意义上已经成年，无法继续在父母的庇佑之下享受轻松生活，学业压力、未来的种种不确定因素、踏入社会之后的种种困惑都必须要独自面对。在这种情况下，难过、彷徨、无措在所难免。“佛系”“躺平”等词频频出现，这些倾向或多或少带有无奈逃避甚至自私的色彩。按照唯物辩证法的观点，人是一切社会关系的总和。“人生的幸

① 度阴山：《知行合一王阳明》，北京联合出版公司，2014，第240页。

福和意义不在社会之外，而应在社会生活中寻求。社会生活当然不可能完美，其中甚至存在着罪恶与陷阱，但我们都不能因此而逃避社会，而应该行动起来改造社会，使社会变得更加美好。马克思主义确认了人的主体地位和能动作用，认为人能够认识世界，并根据客观规律来改造世界，强调人的物质利益的正当性，同时倡导人们追求更高的精神境界，强调积极向上的人生态度，倡导把个人追求与社会进步结合起来。”①

第二，人生态度。

生活每天都会给我们各种各样的惊喜，让我们感恩活着的美好。当然，不可能每个人的世界都是晴空万里，生活中会有阴霾，会有各种阻力。遇到困难时，有人昂扬奋进，知其不可为而为之；有人畏缩不前，躲进小楼成一统。科学的哲学思维方式可以帮助人们形成正确的人生态度。按照唯物辩证法的观点，新事物是在旧事物的母体中孕育成熟的，任何事物发展都不可能一帆风顺。“否定之否定规律解释了事物发展的前进性与曲折性的统一，前进性体现在每一次否定都是质变，都把事物推进到新阶段，每一个周期都是开放的，前一个周期的终点是下一个周期的起点，不存在不被否定的终点。曲折性体现在回复性上，其中有暂时的停顿或者倒退，但是经过曲折终将为事物的发展开辟道路。”②

每个人的人生态度皆不相同。司马迁出身史学世家，早年受学于孔安国、董仲舒，漫游各地，了解风俗，采集传闻。初任郎中，奉使西南。因为李陵案惨遭连累，腐刑让他痛苦不堪，几度怀疑人生。直至父亲去世，他继承父业，开始著述历史。他以其究天人之际，通古今之变，成一家之言的史识创作了中国第一部

① 《马克思主义基本原理概论》编写组编《马克思主义基本原理概论（2015 年修订版）》，高等教育出版社，2015，第 17 页。

② 《马克思主义基本原理概论》编写组编《马克思主义基本原理概论（2015 年修订版）》，高等教育出版社，2015，第 45 页。

纪传体通史《史记》(原名《太史公书》)。《史记》被公认为中国史书的典范，该书记载了从上古传说中的黄帝时期到汉武帝太初四年（前 101）的 3000 多年的历史，是二十四史之首，被鲁迅誉为“史家之绝唱，无韵之离骚”。

朱熹生活在南宋时期，在这一时期，佛教开始得到迅速传播，自汉代董仲舒以来的儒学体系遭到严重冲击。自孔子开始到董仲舒之后的儒学，关注的焦点始终是今生，传统儒学一般不谈论生死、鬼神。“子不语怪力乱神。”[①]孔子的思想为中国人的宗教信仰奠定了主基调。受其思想的影响，中华民族的宗教情节并不浓厚，儒家思想起到了规范人们行为的作用。孔子的儒家思想并非无懈可击，尤其是在生死、来世问题上，传统儒家一般采取回避的态度，这就为佛教的传入与传播留足了空间。朱熹自小饱读诗书，立志弥补儒学的缺陷，他为儒家四书《大学》《中庸》《论语》《孟子》作注，史称“四书集注”。他编纂《朱子家礼》，详细规范人们从出生到离世整个人生过程的行为。他开设书院，为岳麓书院亲自题写的“忠、孝、廉、节”四个大字，也成为中国古人尤其是中国文人的座右铭。绍熙五年（1194）农历六月初九，孝宗驾崩，光宗禅让，宁宗赵扩继位。农历八月初五，命朱熹为焕章阁待制兼侍讲，成为新君宁宗 “钦点”的十名经筵讲官之一，这是他生平唯一的一次入朝任职。这次贵为帝师的讲学最终因为朱熹的敢于直言得罪权贵而草草收场。然而，远离政坛的朱熹仍然没有逃过党禁的迫害。宁宗庆元元年（1195）下半年，当权新贵打出反“伪学”旗号，枪口指向赵汝愚和朱熹，党禁迫害开始，史称“庆元党禁”。庆元三年正月，当局炮制出一份以朱熹为首的十三名待制以上官员在内的五十九人的伪逆党籍，给予终身禁锢。在此种种迫害之下，朱熹的生命很快走向终结。庆元六年（1200），一代大儒朱熹去世。在朱熹最后的岁月里，因为政治迫害，往日的朋友、弟子都无法对朱熹进行照顾。在朱熹去

① 钱穆:《论语新解》，生活 • 读书 • 新知三联书店，2002，第 166 页。

世之后，南宋爱国主义词人辛弃疾为他写下世界上最著名的挽联："所不朽者，垂万世名；孰谓公死，凛凛犹生。"

虽处乱世却依然坚定内心信念，司马迁、朱熹给当代大学生树立了正确人生态度的典范。面对困难与挫折，大学生要做到以下几点。首先，正确认识挫折。"不经一番寒彻骨，怎得梅花扑鼻香。"任何事情的发展都不是一帆风顺的，困难与挫折是人生常态，是偶然也是必然。其次，客观冷静分析挫折产生的原因。每个人的人生际遇不同，遇到的困难挫折也不尽相同，解决问题的办法也不可能千篇一律。书本、别人的经验仅作为参考，解决问题的钥匙始终握在自己手中。再次，认清挫折产生的原因之后，积极寻求解决困难的办法。最后，学会看淡成败得失。人生不如意之事经常会有，成功背后会有心酸，失败背后也会得到很多。以积极的态度面对挫折，把挫折当成生活的大课堂，看成自己宝贵的锻炼机会，看成提高个人品格修养的难得磨砺，将挫折看作未来取得成功不可或缺的准备。

第三，人生评价。

所谓人生评价，是指如何正确对待人生的意义与价值。每个人活着都有自己的意义与价值，有些人被历史永远铭记，有些人则很快淹没于尘土之中。戊戌六君子血洒刑场，为国人留下改革不合理社会制度的勇气与决心；袁隆平的"超级水稻"造福苍生。

岳飞生活于南宋时期，南宋王朝偏安于一隅，过着纸醉金迷、醉生梦死的颓废生活。以岳飞为代表的民族英雄力主抗金却不得朝廷信任。朝廷连发 12 道金牌召回岳飞，并以"莫须有"的罪名构陷岳飞，将其杀害于风波亭中。公道自在人心，千百年来，岳飞"精忠报国"的精神一直在百姓间广为流传，时至今日，岳飞依然是人们心目中的民族英雄。岳飞去世之后，人们将他安葬在美丽的西子湖畔，岳王庙门口的一副对联写尽了人心向背："青山有幸埋忠骨，白铁无辜铸佞臣。"

如何让自己的人生有意义、有价值，这是几乎每个人都要思考的问题，同时也是大学生必须面对的问题。“大学生是民族的希望、祖国的未来，是推动国家蓬勃发展的生力军，是实现中华民族伟大复兴的重要力量。近代以来，我国青年不懈追求的美好梦想，始终与振兴中华的历史进程紧密相连。一个时代的大学生理想信念的状况，在很大程度上决定了国家和民族的前途命运。大学生有理想信念、有责任担当，国家就有前途，民族就有希望，实现中华民族伟大复兴就有生生不息的强大力量，中国特色社会主义事业就能兴旺发达、后继有人。”[①]

3. 正确的哲学思维方式有助于大学生树立正确的价值观

所谓价值观，是人们关于价值本质的认识以及对人和事物的评价标准、评价原则和评价方法的观点体系，它与世界观、方法论是一致的。价值观对人的行为起着规范和导向作用，价值观不同的人们，行为的取向也会不同，甚至会截然相反。

第一，价值观的特点。

价值观一旦形成，就不可避免地具有稳定性、历史性、主观性的特点。

价值观的稳定性是指在一段时间内，人们对于某些人或事的评价标准基本固定。大学生已经成年，其价值观也同样具有相对稳定性特征，这就要求家长、学校、社会在学生价值观形成阶段紧密配合，助力学生正确价值观的培养与形成。家庭是人们形成价值观最重要的场所，家长是孩子的第一任教师，家长的言传身教对于孩子的成长具有巨大的指导作用和影响力。要想培养孩子成为什么样的人，家长必须具备相应的素质与能力，“虎父无犬子”说的就是这个道理。

曾国藩出身于湖南娄底一个普通家庭，因为读书认真努力，科举考试成功，后来又由于剿灭匪寇有功加官晋爵，在清朝实属不易。然而，就是这样看起来风光无限的曾国藩，时刻把谦卑放在最前面，在写给家中子侄的家书中，曾国藩不

① 杨江帆：《引导大学生为实现中国梦贡献青春力量》，《福建日报》2013 年 11 月 4 日。

止一次要求他们始终怀有谦卑之心，万万不可人前逞骄傲。“天地间惟谦谨是载福之道。骄则满，满则倾矣。凡动口动笔，厌人之俗，嫌人之鄙，议人之短，发人之覆，皆骄也。无论所指未必果当，即使一一切当，已为天道所不许。吾家子弟满腔骄傲之气，开口便道人短长，笑人鄙陋，均非好气象。贤弟欲戒子弟之骄，先须将自己好议人短、好发人覆之习气痛改一番，然后令后辈事事警改。”[①]“弟言家中子弟，无不谦者，此却未然。凡畏人不敢妄议论者，谨慎者也。凡好讥评人短者，骄傲者也。谚云：富家子弟多骄，贵家子弟多傲。非必锦衣玉食，动手打人，而后谓之骄傲也。但使志得意满，毫无畏忌，开口议人短长，即是极骄傲耳。余正月初四日信中，言戒骄字，以不轻非笑人为第一义。望弟弟常猛省，并戒子弟也。”[②]一部《曾国藩家书》让我们看到了这位晚清重臣治家、治学的严谨风范，在他的影响之下，曾家后代英才辈出。“曾国藩一生以立德、立功、立言成就其在中国思想史上的卓越地位，被誉为中国传统社会最后一个完人。梁启超不仅称赞曾国藩为三不朽的典范，而且把国家振兴的希望都寄托在他身上，认为如果曾国藩犹壮年，可力挽狂澜拯救危亡的晚清政府。毛泽东对这位湖南老乡也是倍加赞赏，极为钦佩：愚于近人，独服曾文正。”[③]

价值观的历史性是指生活在不同年代的人，由于经济、政治、社会环境的影响，价值观会有所差异甚至截然不同。南宋末年抗金名将岳飞，母亲教育他要“精忠报国”。在母亲的教育之下，岳飞组建了一支“岳家军”，英勇抗击金军。后来以“莫须有”的罪名被杀害于风波亭。在今人看来，岳飞的举动有些令人不解，效忠于如此昏庸的皇帝实属不值，甚至有人评价岳飞为“愚忠”。“愚忠”一词能够

① 檀作文译注《曾国藩家书》，中华书局，2016，第273页。

② 檀作文译注《曾国藩家书》，中华书局，2016，第275页。

③ 吴延芝、孙晓华编著《中华传统文化教程》，山东大学出版社，2019，第96页。

恰如其分地诠释价值观的历史性。家国天下一直以来都是中国古人永远的精神家园，在这个大家庭中，皇帝是一家之主，皇帝的命令就是金口玉言，其他人没有反抗、质疑的资格。“君叫臣死，臣不得不死”是作为臣子的圭臬。由此，我们在评价历史人物时一定要遵循唯物史观的历史分析方法，把历史人物还原到他所生活的年代，看看他给人类社会带来哪些新的精神财富，而不是用今人的标准去衡量古人。

在今天，人们习惯于用 80 后、90 后、00 后为人群分类。其实，年龄在很大程度上仅仅是表面因素，更深层次的是不同时代成长人群的价值观差异。今天大学校园里的学生大多已经是 00 后，一份针对 00 后的调查问卷显示，“他们的群体观呈现出社会性与个体性并重的特点。一方面，当代少年儿童表示愿意为国家或集体利益奉献力量，另一方面又有超过半数少年儿童表示不愿意因此而牺牲个人利益。这也从一个侧面反映出当代少年儿童具有更强烈的个人意识，价值观呈现多元化的特点。与 90 后相比，00 后既认同主流价值观，又具有强烈的自我意识，希望获得个人与社会的统一、自我价值与社会价值的统一。‘对国家、人民有益的事我会像对自己的事那样去做好’这一比例，00 后比 90 后（82.7%）高 2.3 个百分点。但是，对于‘我会为班级或学校的荣誉放弃个人愿望’这一观点，00 后比 90 后（48.7%）低 4.5 个百分点。可见，虽然 00 后希望通过为国家、人民做贡献来实现社会价值的比例略有升高，但是表示愿意为集体荣誉放弃个人愿望的比例也在降低。这说明，00 后的价值观呈现出社会价值与个人价值并重的特点”①。

价值观的主观性是指价值观因人而异。生活在社会生活中，人不可避免地会隶属于某个阶级、阶层或者社会集团，价值观念也会自然而然地带有某些阶级或者阶层色彩。杜甫生活在动荡不安的唐代晚期，大唐帝国风光不再，诸侯连年征战，

① 白梦帆：《“00 后”既认同主流价值观也具有强烈的自我意识》，2016 年 10 月 20 日，http://qnzz.youth.cn/zhuanti/kszt/xdemo/04/201610/t20161020_8766341.htm。

民不聊生。尽管如此，统治阶级依旧过着醉生梦死、骄奢淫逸的生活，诗人目睹这些惨状，提笔写下千古名句："朱门酒肉臭，路有冻死骨。"尽管路上饿殍满地，但是朱门之内依然歌舞升平，一片太平盛世。南唐后主李煜擅长诗词歌赋，成就颇高，却不是一位合格的皇帝。公元975年，宋军攻陷南京，金陵失守，李煜没有选择与自己的国家、与自己祖先的江山共存亡，而是出降，南唐灭亡。被俘虏之后的李煜被迫辞别祖庙，苟延残喘于汴京一角。当回忆起往昔金陵的繁华盛世，再看看眼前的冷雨凄风，他用一首《破阵子》表达今非昔比的惆怅情怀："四十年来家国，三千里地山河。凤阁龙楼连霄汉，玉树琼枝作烟萝，几曾识干戈？一旦归为臣虏，沈腰潘鬓消磨。最是仓皇辞庙日，教坊犹奏别离歌，垂泪对宫娥。"①

晚清政府统治末期，政治腐败、外敌侵扰，腐朽的封建政治统治摇摇欲坠。不同阶级、阶层的代言人基于不同的利益关系，纷纷提出救国救民的措施。以康有为、梁启超为代表的封建地主阶级知识分子提出改革方针，史称"戊戌变法"。此次变法将希望寄托于没有任何实权的皇帝身上，最终光绪帝被囚，戊戌六君子血染刑场，此次变法也以失败而告终，谭嗣同以"我以我血荐轩辕"的勇气与此次变法同亡。以洪秀全为代表的清末农民起义，横扫半个中国，在南京建立政权，与北京的清王朝形成对峙之势，奈何经过一场"天京事变"后，太平天国运动由盛转衰。究其原因，农民阶级的小富即满思想难辞其咎。胡适等一批接受西方思想的先进知识分子，力主"全盘西化"，将中华五千年文明连根拔起，移植西方的文明制度。事实证明，这些努力与实践根本无法挽救危亡的清政府。李大钊、陈独秀等一批最早接受马克思主义的先进知识分子，利用北京大学兼容并包的办学特色，将马克思主义的火种在中国境内传播，最终促成了1921年中国共产党的成立，从此，中国革命有了坚强正确的领导力量。由此可见，阶级、阶层不同，人

① 俊雅：《李煜词传》，长江文艺出版社，2017，第125页。

们的价值观也会不同。

00 后大学生生活在物质生活丰富的现代社会，远离战争，远离贫穷饥饿，而且由于科学技术发达，他们能通过互联网迅速获取外界的信息，“渴望自由、个性解放”是 00 后的标签。在这种社会背景下，00 后的价值观各个不同，主观意愿非常强烈。对学生进行核心价值观念教育，就显得非常必要。“人类社会发展的历史表明，对一个国家、一个民族来说，最持久、最深层的力量是全社会共同认可的核心价值观念。核心价值观承载着一个民族、一个国家的精神追求，体现着一个社会评判是非曲直的价值标准。中国共产党旗帜鲜明地提出以富强、民主、文明、和谐，自由、平等、公正、法治，爱国、敬业、诚信、友善为主要内容的核心价值观，回答了要建设什么样的国家、建设什么样的社会、培育什么样的公民的重大问题。这一核心价值观，体现了社会主义本质要求，继承了中华优秀传统文化，也吸收了世界文明有益成果，体现了时代精神，是全国各族人民价值观的最大公约数。”①

第二，价值评价。

“人们的实践活动总是受真理尺度与价值尺度的制约”。②正确与错误是真理尺度评价的两个最主要标准，真善美、假恶丑则是价值评价的最主要原则。“价值评价的根本标准只有与人民、人类社会整体的要求或者利益相一致，才是正确的。价值评价要与社会历史发展的客观规律相一致，要以人们的真理性认识为根据，真理评价高于价值评价，这是价值评价的根本特征，也是必须遵循的基本原则。”③

---

① 《马克思主义基本原理概论》编写组编《马克思主义基本原理概论（2015 年修订版）》，高等教育出版社，2015，第 89 页。

② 《马克思主义基本原理概论》编写组编《马克思主义基本原理概论（2015 年修订版）》，高等教育出版社，2015，第 84 页。

③ 《马克思主义基本原理概论》编写组编《马克思主义基本原理概论（2015 年修订版）》，高等教育出版社，2015，第 87 页。

时代不同，价值评价的标准与尺度也不尽相同。不过，对祖国的热爱、对人民的奉献、对祖国文化的传承永远是中华民族进行价值评价最主要的原则。为了人民的利益而牺牲自我，价值重于泰山。相反，为了蝇头小利而争来抢去，其自身存在的价值感微乎其微。屈原是中国历史上一位伟大的爱国诗人，中国浪漫主义文学的奠基人。楚国郢都被秦军攻破后，自沉于汨罗江，以身殉楚国。屈原用诗词歌颂祖国大好河山，抒发爱国情怀。司马迁对屈原给予高度评价："太史公曰：'余读《离骚》《天问》《招魂》《哀郢》，悲其志。适长沙，观屈原所自沉渊，未尝不垂涕，想见其为人。及见贾生吊之，又怪屈原以彼其材，游诸侯，何国不容，而自令若是。读《鹏鸟赋》，同死生，轻去就，又爽然自失矣。'"[①]由此可见价值评价的一脉相承性。

对于今天的大学生而言，学习中华优秀传统文化，从传统文化中汲取古人智慧，了解古人家国情怀，感受来自遥远年代的真、善、美，对于树立正确的世界观、人生观、价值观具有良好的促进作用，有助于大学生树立文化自信。"文化自信，是一个国家、民族、政党对自身文化价值的充分肯定，对自身文化生命力的坚定信念。坚定文化自信，是事关国运兴衰、事关文化安全、事关民族精神独立的大问题。坚定文化自信，充分体现了中国共产党高度的文化自觉和文化担当，凸显出中国特色社会主义的文化根基、文化价值和文化理想。习近平同志强调：'文化自信，是更基础、更广泛、更深厚的自信，是更基本、更深沉、更持久的力量。'坚定中国特色社会主义道路自信、理论自信、制度自信，说到底就是要坚定文化自信。"[②]

① 司马迁：《史记》，上海古籍出版社，2016，第 1891 页。

② 《如何理解文化自信是更基础、更广泛、更深厚的自信》，2021 年 4 月 22 日，https://baijiahao.baidu.com/s?id=1697707812770626646&wfr=spider&for=pc。

第一章　古希腊罗马的哲学思维方式

一般来说，西方哲学泛指美国与欧洲的哲学传统。美国虽然在地理上是一个美洲国家，但由于其独特的历史原因，无论在政治、经济还是哲学传统上，美国都带有非常强烈的欧洲文明的烙印。“西方哲学产生于公元前 7 世纪前后奴隶制社会形成时期，至今已经有两千多年的历史。”[①]古希腊罗马时期，本体论问题即世界的本原问题是人们争论的焦点。“在古代，哲学家们首先注意的是客观世界和世界上的万事万物。世界的本原是什么？宇宙万物究竟是怎样产生的？哲学家力图从形形色色的具体事物中寻找某种普遍的、一般的东西作为万物的本原，以此来解释世界。世界的本原或者说万物的本体问题成了古代哲学研究的中心问题。”[②]很明显，在这一时期，哲学家们的关注焦点是如何解释世界而非改造世界，本体论问题自然就成为这一时期哲学研究的主要问题，由此也诞生了西方哲学史上较早的唯物主义与唯心主义的对立与斗争。

欧洲文明起源于地中海沿岸的希腊半岛一带，对于希腊在欧洲文明的影响力，黑格尔认为：“一提到古希腊，在有教养的欧洲人心中，尤其是在我们德国人心中，自然会引起一种家园之感。”[③]这种观点属于典型的欧洲中心论。不过，毋庸置疑的是，希腊文化对于整个欧洲文明具有无可取代的重要作用，古希腊是整个欧洲

① 全增嘏主编《西方哲学史》，上海人民出版社，1983，第 16 页。
② 全增嘏主编《西方哲学史》，上海人民出版社，1983，第 19 页。
③ 黑格尔：《哲学史讲演录》第 1 卷，商务印书馆，1981，第 157 页。

文明的摇篮，欧洲文明的童年时期起源于古希腊。恩格斯说："在希腊哲学的多种多样的形式中，差不多可以找到以后各种观点的胚胎、萌芽。"[①]按照哲学的分期，我们可以相应将希腊罗马的哲学思维方式分为三个阶段，即早期古希腊罗马时期的哲学思维、古希腊罗马繁荣时期的哲学思维以及古希腊罗马没落时期的哲学思维。

一、早期古希腊罗马时期的哲学思维

公元前 7 世纪至公元前 6 世纪，是希腊历史上奴隶制形成时期，同时也是古希腊哲学的早期发展阶段。在哲学领域里，主要围绕本体论问题在争论。本体论抑或本原论，争论的焦点在于物质和意识谁是世界的本原。唯物主义认为世界的本原是物质，唯心主义则认为世界的本原是某种精神。伊奥尼亚唯物主义出现在东方的小亚细亚沿岸，毕达哥拉斯学派和爱利亚学派的唯心主义流行于西方的意大利南部和西西里一带。

1. 唯物主义哲学的发展

第一，泰勒斯。

泰勒斯被后人尊为"古希腊七贤之一"，他看到生命的孕育、万物的成长都离不开水，因此提出水是万物的本原。泰勒斯在哲学传统上的伟大贡献就在于，他突破以往用宗教传说解释万物本原的传统观点，提出水是万物始基，目的是想用水说明世界的物质统一性。恩格斯认为："古代朴素唯物主义在自己的萌芽时期就十分自然地把自然现象的无限多样性的统一看作不言而喻的，并且在某种具有固定形体的东西中，在某种特殊的东西中去寻找这个统一，比如泰勒斯就在水里去寻找。"[②]

---

①恩格斯：《自然辩证法》，人民出版社，1962，第 30 页。

②恩格斯：《自然辩证法》，人民出版社，1962，第 164 页。

第二，赫拉克利特。

赫拉克利特是早期古希腊罗马时期唯物主义哲学的代表。相传他出身高贵、门第显赫，但他却宁愿过清贫自然、与世无争的生活，他的著作也只有流传下来的部分残简，且语义晦涩难懂。即便如此，苏格拉底、黑格尔、柏拉图都曾经受赫拉克利特哲学思想的影响。黑格尔说："没有一种赫拉克利特的论点不被我拿到我的逻辑学中。"①

赫拉克利特的哲学观点内涵十分丰富，包含了诸多哲学观点最初的源头。

首先，"火"是世界的本原。

同为早期朴素唯物主义的代表，赫拉克利特的思想相较于泰勒斯有了巨大进步，他对于世界本原的认识更为深刻透彻。他不仅提出世界的本原是"火"，而且"火"是活的，没有一刻是静止不变的。"他有这样一段著名的话：这个世界，对于一切存在物都是一样的，它不是任何神创造的，也不是任何人创造的，它过去、现在、未来永远是一团永恒的活火，在一定的分寸上燃烧，在一定的分寸上熄灭。"②

其次，一切皆流，万物皆变。

赫拉克利特思考的范围已经远远超出同时代的哲学家。他不仅对于世界是什么给出自己的观点，而且对于世界怎么样也有自己独特的见解。"赫拉克利特认为，一切皆流，万物皆变。他十分形象生动地用奔腾不息地河水来说明世界上一切事物都在不断运动、变化，不断地产生、消亡。他说，我们不能两次踏进同一条河流。固定不变的事物是不存在的，运动和变化是绝对的、普遍的。"③

---

① 黑格尔：《哲学史讲演录》第1卷，商务印书馆，1981，第298页。

② 全增嘏主编《西方哲学史》，上海人民出版社，1983，第19页。

③ 全增嘏主编《西方哲学史》，上海人民出版社，1983，第47页。

赫拉克利特的弟子克拉底鲁认为人甚至一次也不能踏进同一条河流，就是夸大了事物的绝对运动而否认了事物的相对静止。在中国，诡辩主义也曾经出现，庄子的“方生方死、方死方生”，表面看起来是打通了生与死的界限，看到了生与死的联系。但是这种观点最大的错误就在于没有看到生与死是两件截然不同的事情，两者有着原则界限。与克拉底鲁不同，赫拉克利特的辩证法正确处理了绝对运动与相对静止的关系。辩证法在承认世界的绝对运动的同时，并不否认事物在运动过程中的相对静止。相对静止是事物在运动过程中一种比较特殊的存在状态，主要包括两种方式：第一，一事物相对于其他事物的位置没有发生变化；第二，事物的根本性质暂时未变。只有承认相对静止，我们才能够正确地区分事物，否则很容易陷入相对主义的泥潭。

“赫拉克利特作为辩证法的奠基人之一，不仅在于他说出了一切皆流，万物皆变的思想，更可贵的是他还在欧洲哲学史上首次提出了关于对立面的统一和斗争的思想。”[①]他不仅看到了世界的运动、变化、发展，而且试图去寻找和发现这种变化背后的真正原因，那就是对立面的统一与斗争。斗争是普遍的、正常的，如自然界的雌雄相依、音乐曲调的高低相和等，更令人称奇的是，他把和谐与斗争也视为一对矛盾。

第三，早期古希腊罗马时期哲学思维方式的特点。

早期古希腊罗马时期哲学刚刚产生，不可避免地带有不成熟、比较幼稚的痕迹。也正是由于处于萌芽阶段，没有过去成熟思想的束缚与限制，这一时期的哲学思维方式可谓活泼自由、率性可爱。对于今天的大学生而言，学习、研究古希腊罗马哲学，会给予我们很多启示与思考，对于大学生成熟睿智思维方式的构建颇有益处。

---

① 全增嘏主编《西方哲学史》，上海人民出版社，1983，第 49 页。

首先，朴素唯物主义。

唯物主义与唯心主义的争论由来已久，焦点在于对世界本原的认识与理解。唯物主义共同的特点就是主张物质第一性，意识第二性，世界统一于物质。只是由于科学技术水平发展不同，人类在不同时期对于世界本原的认识并不完全一样。大致说来，唯物主义历经古代朴素唯物主义阶段、近代形而上学唯物主义阶段、辩证唯物主义和历史唯物主义阶段。

古希腊罗马时期的唯物主义属于典型的古代朴素唯物主义阶段。囿于时代条件限制，他们对于物质概念的理解与今人大相径庭，以泰勒斯和赫拉克利特为代表的早期希腊哲学家，基于日常生活的经验与睿智的哲学思维，将水、火等某一种物质的具体形态等同于世界的本原，推动了最早的唯物主义哲学的诞生。其重要意义在于坚持了世界的物质统一性，与唯心主义、不可知论划分开界限。

朴素唯物主义的萌发，同时就是天命论思想的动摇。在遥远的古代，由于科学技术水平极其有限，人们没有办法解释很多现象，只能借助于鬼神的力量，早期宗教就是在这样的背景之下产生的。朴素唯物论的最大作用就是企图用理性的思想智慧解释世界，破除天命论的束缚与阴影。

儒学大师荀子是先秦时期中国古代朴素唯物主义的典型代表。荀子反对天命、鬼神迷信之说，提出了“明于天人之分”的思想，认为自然界的存在，不以人的主观意志为转移，具有客观必然性；提出“天行有常，不为尧存，不为桀亡”，但人类可以用主观努力去认识它、顺应它、运用它，以趋吉避凶。

其次，早期辩证法。

“赫拉克利特的辩证法是马克思主义产生之前欧洲哲学史上辩证法学说的最

早的表现形态。”[①]“赫拉克利特不仅看到了对立面的统一，看到了对立面之间的相反相成，而且还十分强调对立面之间的斗争。在他看来，斗争是普遍的、正常的，而且是事物运动变化的根源。”[②]

辩证法产生的巨大意义在于人类第一次以一种比较科学合理而且合乎实际的理论去解释世界。客观世界本来就是在不断地运动、变化、发展之中，这就要求我们要用运动、变化、发展的观点看问题。虽然这一时期的辩证法因为时代限制有其局限性，但在当时的确是一种正确的世界观。

2. 唯心主义哲学的发展

毕达哥拉斯学派和爱利亚学派是古希腊罗马哲学唯心主义的代表。毕达哥拉斯是毕达哥拉斯学派的创始人，他曾经组建过一个以宗教、哲学及政治为主要纽带的秘密社团，史称“毕达哥拉斯学派”。灵魂轮回说是他们在宗教方面的主要观点。他们认为，“灵魂是个不朽的东西，身体是灵魂的坟墓或者囚笼，当人在世的时候，灵魂被束缚在身体里面，当人死后，灵魂就轮回转世，他可以转变为别的人，也可以转变为别种生物”[③]。

塞诺芬尼是爱利亚学派的主要代表。他自幼生活十分贫困，四处流浪，靠唱歌表演为生。他反对多神论，认为神是万能的，因此只能有一个神。“他说，宇宙万物乃一体，而此一体即神。这个唯一的神根本不同于人，因为神是全视、全知、全闻的，可以毫不费力地以他的心思左右一切，同时，神又是无所不在、绝对不动的。”[④]

---

① 全增嘏主编《西方哲学史》，上海人民出版社，1983，第 53 页。
② 全增嘏主编《西方哲学史》，上海人民出版社，1983，第 51 页。
③ 全增嘏主编《西方哲学史》，上海人民出版社，1983，第 56 页。
④ 全增嘏主编《西方哲学史》，上海人民出版社，1983，第 67 页。

二、古希腊罗马繁荣时期的哲学思维

公元前 5 世纪到公元前 4 世纪是古希腊罗马的繁荣时期。“这时，希腊本土尤其是雅典已成为政治经济文化的中心，也是哲学斗争的主要场所。这一时期的希腊哲学更趋成熟，从内容到形式都更加丰富多彩，达到了它的黄金时期。”[①]在这其中，既有古代朴素唯物主义的最高成就代表者德谟克利特，其石破天惊的原子论至今仍然闪耀着智慧的光芒，还有被称为古希腊三贤的苏格拉底、柏拉图、亚里士多德。其中柏拉图在西方哲学史上第一次构建起一个庞大的唯心主义哲学体系，他的思想对于整个欧洲文明产生了广泛而深远的影响。

1. 留基伯与德谟克利特的唯物主义

这一时期，原子论的奠基者是留基伯，德谟克利特是他的学生，原子论是师徒二人共同智慧的结晶。据史料记载，德谟克利特出身富裕却不善于打理自己的财产，为追求知识到处游历，后来耗尽家财回到故乡。德谟克利特与亚里士多德有很多相似之处，他一生涉猎的学科范围非常广泛，其中包括哲学、数学、天文学、医学、伦理学等各个学科，堪称是古希腊百科全书式的思想家。

按照留基伯和德谟克利特的观点，“一切事物的本原是原子和虚空，那么，所谓原子和虚空又是什么东西呢？他们说原子是一种最后不可分的物质微粒，原子的根本属性是绝对的充实性，即每个原子都毫无空隙。虚空是空洞的空间，也就是原子运动的场所。原子和虚空不可见，但都是客观存在的”[②]。

留基伯和德谟克利特的原子论，其影响可以扩展到近代，它对于伊壁鸠鲁以至卢克莱修的哲学体系都产生了重大影响，代表了古希腊罗马时期唯物主义的最

---

① 全增嘏主编《西方哲学史》，上海人民出版社，1983，第 29 页。

② 全增嘏主编《西方哲学史》，上海人民出版社，1983，第 97 页。

高成就。但从辩证唯物主义的角度来看，原子论无疑是幼稚的、不成熟的，因为留基伯和德谟克利特的原子论，并不是人们在现实生活中真正观测到的世界的最小微粒，而是猜测出来的。尽管这种猜测带有很强的天才属性，却依然停留在猜测领域。另外，将世界的最小微粒定义为原子，并没有真正理解共性与个性、一般与个别的关系。按照唯物辩证法的观点，“原子论不理解哲学物质概念与自然科学关于具体的物质形态和物质结构的概念之间共性与个性的关系，既经不起自然科学进一步发展的检验，也经不起唯心主义的进攻”①。

2. 古希腊三贤的哲学思维方式

苏格拉底、柏拉图、亚里士多德在古希腊哲学史上是一脉相承的师徒三人，并称为“古希腊三贤”，是古希腊时期唯心主义的典型代表。古希腊哲学在这三人手中达到了顶峰，分析其中的原因，“自由”是其中非常重要的因素。“哲学思考一定是独立与自由的思考，这样的思考需要宽松的社会环境。在希腊人那里首先出现了这种自由，所以哲学开始于希腊。由于工商业的发达，这里的人们养成了崇尚自由、寻求创新、包容异己的精神气质。”②对于哲学产生的基础，休谟认为，“哲学需要完全的自由甚于需要一切其他的特权，它的繁荣主要是由于各种意见和议论可以自由对抗。哲学在一个自由和宽容的国度和时代里迎来了它的降生，即使哲学最狂妄的原则，也不曾遭到过任何教条、政府特权、刑事法规的束缚”③。

第一，苏格拉底。

公元前469年，苏格拉底生于雅典一户普通人家，父亲是雕刻师，母亲是一位助产士。据传，苏格拉底面容丑陋，生活简单，常年穿一件已经看不出本来颜

---

① 《马克思主义基本原理概论》编写组编《马克思主义基本原理概论（2015年修订版）》，高等教育出版社，2015，第23页。

② 李超杰：《哲学的精神》，商务印书馆，2018，第63页。

③ 休谟：《人类理智研究》，商务印书馆，1999，第122页。

色的长袍。他极其擅长演讲，说话富有吸引力，大街、集市乃至运动场所，他可以随时随地与人讨论甚至演讲。受母亲助产士工作的影响，苏格拉底认为人的正确思想生而有之，只是自己没有意识到，不会表达，苏格拉底的任务就是帮助人把自己的正确思想表达出来。苏格拉底本人并没有著作流传于世，我们今天看到的关于他的思想基本来自他的徒弟色诺芬和柏拉图的回忆与记载。苏格拉底的思想主要体现在三个方面："一是他所谓的自知自己无知，二是他所谓的美德就是知识，三是他的方法即所谓精神接生术"[①]。

苏格拉底的哲学体系奠定了欧洲哲学史上唯心主义目的论的基础，囿于时代限制并未形成系统性理论，这一任务是由他的弟子柏拉图来完成的。苏格拉底的唯心主义哲学主要体现在神创论上。"苏格拉底可以说是欧洲哲学史上最早提出唯心主义目的论的。他认为世界上的一切事物都是神按照自己的意志安排好的，都是合乎一定目的的，神创造了人，神为了某种有用的目的又创造了人体的各个部分，创造眼睛使人能看，创造耳朵使人能听，创造鼻子使人能闻，创造舌头使人能尝到各种滋味。宇宙万物都是神为了某种目的而创造出来的。神统治世界，神的权力是绝对的。正因为这样，所以苏格拉底认为，所谓寻求事物的原因实际应该是寻求事物的目的。或者说，他反对像唯物主义哲学家那样去寻求事物的原因，而主张哲学应当去研究事物的目的，并借此领会神的智慧和意志。"[②]

除去哲学体系的唯心主义色彩，苏格拉底的哲学思维方式自有其合理之处。

首先，"自知自己无知"这句话的真实意思是"自知自己非全知"。

每个人的真理是有其界限的，这个界限即在世界呈现给每人的方式之中。对凡人而言，真理或世界呈现于每个人，包括自己的时候，都受制于特定的角度、

---

① 全增嘏主编《西方哲学史》，上海人民出版社，1983，第 122 页。

② 全增嘏主编《西方哲学史》，上海人民出版社，1983，第 125 页。

立场、方位，因此是有“界限”的。没有这样的有界限的呈现，也就没有真理、没有世界。在马克思主义的认识论看来，任何真理都是一个过程，人类永远不可能穷尽所有真理，真理既具有绝对性，又有其相对性。真理之所以具有相对性的特点，就是因为人类的认识能力受制于能力、条件的限制。列宁如此评价真理的相对性：“人不能完全地把握、反映、描绘整个自然界、它的直接的总体，人只能通过创立抽象、概念、规律、科学的世界图景等等永远接近于这一点。”[①]毛泽东认为：“马克思主义者承认，在绝对的总的宇宙发展过程中，各个具体过程的发展都是相对的，因而在绝对真理的长河中，人们对于在各个一定发展阶段的具体过程的认识只具有相对的真理性。无数相对真理的总和，就是绝对的真理。”[②]

其次，美德就是知识。

人类自身的道德是苏格拉底哲学研究的重点。在他看来，无知的人不会有美德，任何美德都必须有相应的知识作为基础。“苏格拉底一生最为关注的是伦理学的问题，罗马时代的一位著作家西塞罗说，苏格拉底把哲学从天上带到了人间，意思是说从苏格拉底开始哲学才从对自然的研究转而为对人类认识和道德的研究。”[③] 这一点也是欧洲哲学与中国哲学气质迥异的地方。相对于西方哲学，中国哲学显得更为早熟，中国古人很早就把研究对象放在人、人类社会身上。相对于研究自然界而言，对于人类自身的研究可能会更为困难。关于这一点，莱布尼茨这样说：“我们双方各自都具备通过相互交流使对方受益的技能，在思考的缜密和理性的思辨方面，显然我们要略胜一筹，因为不论是逻辑学、形而上学还是对非物质事物的认识，即在那些有充足理由视之为说我们自己的科学方面，即数学方面，

① 中共中央马克思恩格斯列宁斯大林著作编译局编《列宁专题文集·论辩证唯物主义和历史唯物主义》，人民出版社，2009，第 137 页。

② 中共中央文献研究室编《毛泽东选集》第 1 卷，人民出版社，1991，第 295 页。

③ 全增嘏主编《西方哲学史》，上海人民出版社，1983，第 126 页。

显然要比他们出色得多。”[①]相对于西方哲学而言，“东方哲学这种非概念的方式则强调天人合一，强调自然无为，从而极大地提高了人的心灵境界，成就了人与自然的和谐相处，同时也部分导致了近代以来科学的落后”。[②]

最后，精神接生术。

苏格拉底的精神接生术源自母亲，这种方法的实质就是“帮助已经包藏于每一个人的意识中的思想出世”。[③]在今天看来，精神接生术类似于归纳法，就是通过无数个别的事物，归纳出具有一般意义的概念。概念意味着人类理性认识的开始。

按照唯物辩证法认识论的观点，人类对于客观事物的认识始于感性认识，感性认识分为三个层次或者阶段：感觉、知觉、表象。感性认识的特点是生动与直观，通过人们的感觉器官形成对事物颜色、声音、味道的认识。其缺陷在于感性认识只能形成对事物表面的认识，无法深入事物内部。要想达到对事物本质的认识，必须要借助理性思考的力量。概念的形成就是人类理性认识开始的标志，“概念是对同类事物共同的一般特性和本质属性的概括和反映，是思维的细胞，也是最基本的思维形式。理性认识的其他形式，都是在概念的组合和深化的过程中形成和发展的。”[④]

另外，苏格拉底的精神接生术也是辩证法的源头。因为辩证法本来的含义就是通过谈话、辩论，得到关于事物本质的认识。辩证法是发现问题、解决问题最有效的办法，精神接生术属于思维的辩证法、概念的辩证法，也就是我们通常所

---

① 夏瑞春：《德国思想家论中国》，江苏人民出版社，1997，第4页。

② 李超杰：《哲学的精神》，商务印书馆，2018，第5页。

③ 黑格尔：《哲学史讲演录》第2卷，商务印书馆，1981，第57页。

④ 《马克思主义基本原理概论》编写组编《马克思主义基本原理概论（2015年修订版）》，高等教育出版社，2015，第69页。

说的主观辩证法。主观辩证法与客观辩证法既有联系又有区别，“唯物辩证法既包括主观辩证法也包括客观辩证法，主观辩证法是客观辩证法的反映，客观辩证法与主观辩证法在本质上是统一的，但在表现形式上是不同的”[①]。在恩格斯看来，“所谓的客观辩证法是在整个自然界中起支配作用的，而所谓的主观辩证法，即辩证的思维，不过是在自然界中到处发生的”[②]。

第二，柏拉图。

柏拉图出身高贵，父母都是雅典贵族。柏拉图从小接受良好的教育，爱好广泛，在文学与数学方面颇有天赋，另外，柏拉图外貌英俊，曾经参加过奥林匹克运动会，在希腊文中，“柏拉图”原意为“宽肩膀的美男子”。在20岁左右，柏拉图开始师从苏格拉底学习哲学，对于老师，柏拉图非常敬爱，他说，我很幸运生活在苏格拉底时代。在老师去世之后，他和色诺芬一起整理出很多关于苏格拉底的思想。柏拉图继承了苏格拉底、毕达哥拉斯学派以及巴门尼德等人的思想，创建了具有客观唯心主义色彩的理念论，并且在理念论的基础上，“以理念论为中心建立了他的宇宙论、知识论以及政治伦理说、国家说，形成了欧洲哲学史上第一个庞大的唯心主义体系”[③]。

首先，理念论。

柏拉图认为，所有的我们的感官可以感受到的事物都是不真实的，唯一真实的是“理念”，“理念”是一种绝对的永恒不变的概念，所有的理念构成了一个客观独立存在的世界，即理念世界，这是唯一真实的世界。理念是万事万物的本原，

① 《马克思主义基本原理概论》编写组编《马克思主义基本原理概论（2015年修订版）》，高等教育出版社，2015，第46页。

② 中共中央马克思恩格斯列宁斯大林著作编译局编《马克思恩格斯选集》第3卷，人民出版社，2012，第908页。

③ 全增嘏主编《西方哲学史》，上海人民出版社，1983，第134页。

是第一性的，物质世界则是由理念世界派生出来的，是第二性的。由此可以看出，柏拉图的理念论完全颠覆了思维和存在的关系，属于典型的客观唯心主义。不过，在论述理念世界的同时，柏拉图看到了共性与个性、一般与个别的关系，属于人类认识过程中的一大进步。唯物辩证法认为，任何事物都是一般与个别的统一。我们在现实世界中看到的是个别、是个性；共性寓于个性之中，通过个性表达出来；在每一个个性之中，都有这个事物的共性存在。“世界上没有两片完全相同的树叶”，树叶是共性、是一般，“不相同”是个性、是个别。

马克思主义对于共性与个性的关系也有自己的论述，并且唯物辩证法最重要的“物质”概念就是通过共性与个性的关系进行论述的。列宁认为：“物质是标志客观实在的哲学范畴，这种客观实在是人通过感觉感知的，它不依赖于我们的感觉而存在，为我们的感觉所复写、摄影和反映。”[①]列宁的这一物质概念，“主张客观实在性是一切物质的共性，既肯定了哲学物质范畴同自然科学物质结构理论的联系，又把它们区别开来。从个性中看到共性，从相对中找到绝对，从暂时中发现永恒”[②]。

其次，唯心主义的辩证法。

“柏拉图的辩证法是对苏格拉底精神接生术的进一步发展，它要求完全撇开感性事物，从理念出发，完全依据理念，通过揭露理念之间的关系，最后上升到无矛盾的善的理念。”[③]由此可见，柏拉图的辩证法带有浓厚的纯思辨色彩。不过，在柏拉图的辩证法中，我们可以看到他把“一”与“多”、“同”与“异”、“有限”

---

① 中共中央马克思恩格斯列宁斯大林著作编译局编《列宁选集》第 2 卷，人民出版社，2012，第 89 页。

② 《马克思主义基本原理概论》编写组编《马克思主义基本原理概论（2015 年修订版）》，高等教育出版社，2015，第 25 页。

③ 全增嘏主编《西方哲学史》，上海人民出版社，1983，第 153 页。

与“无限”等相互矛盾的概念统一起来。不仅发现了这些概念之间的区别，更发现了这些概念之间的联系，这是柏拉图辩证法的进步之处。世间万物，总是在对立中统一，也在对立中使矛盾得到解决，并在此基础上进一步发展。

在唯物辩证法看来，相互矛盾的两种事物之间不仅是对立的，也是统一的。矛盾的同一性指的就是矛盾双方相互依存的关系。同一性不仅是事物存在及发展的先决条件，“而且规定着事物转化的可能和发展的趋势。事物之所以能够转化，是由于事物内部矛盾双方具有相互贯通的关系。事物的发展方向、趋势不是随意的，而是有规律地向自己的对立面转化”①。

柏拉图的辩证法较早地看到了事物对立面之间的统一，为矛盾的同一性与斗争性概念的发展奠定了基础，这是柏拉图的进步之处。柏拉图的概念辩证法对后世多有启发。其中，“黑格尔继承了柏拉图的这种概念辩证法，并发展成为更加系统的唯心主义的辩证法。列宁在《黑格尔逻辑学一书摘要》中有这样一段话，关于柏拉图，据说第欧根尼·拉尔修曾经说过：柏拉图是辩证法，即第三哲学的创始者，犹如泰勒斯是自然哲学的创立者，苏格拉底是道德哲学的创始者一样，可那些特别高嚷柏拉图功绩的人却极少考虑到这个。可见，列宁并没有因为柏拉图的唯心主义哲学体系而鄙视他的辩证法”②。

第三，亚里士多德。

在亚里士多德生活的年代，希腊处于马其顿集团的统治之下。

亚里士多德的一生，都与马其顿王国有着千丝万缕的联系。他的父亲是马其顿皇家的御用医生，公元前 343 年，亚里士多德任马其顿王子亚历山大的老师。

---

① 《马克思主义基本原理概论》编写组编《马克思主义基本原理概论（2015 年修订版）》，高等教育出版社，2015，第 41 页。

② 全增嘏主编《西方哲学史》，上海人民出版社，1983，第 155 页。

亚里士多德学术研究涉猎异常广泛，是一位百科全书式的学者。“亚里士多德一生所从事的学术研究活动涉及逻辑学、修辞学、物理学、生物学、心理学、政治学、经济学、伦理学、历史学、美学以及哲学等各方面的问题，并且写下大量著作。”①亚里士多德有着内容博大而庞杂的知识体系，留下很多至今仍有启发意义的哲学思维方式。

首先，“吾爱吾师，吾更爱真理”的怀疑与好奇精神。

怀疑精神是古今中外一切获得科学成果的首要因素，唯有怀疑才有进步，唯有好奇才能发展。好奇心使人类对于大千世界有了探究的欲望与勇气，怀疑精神使人类敢于推翻原有的知识体系。牛顿正是看到苹果落地这种别人看似自然的事情而产生了好奇心，才有了牛顿三大运动定律；瓦特也是看到了祖母烧开水时壶盖鼓起，才有了改良蒸汽机的行为。好奇与怀疑是人类进步的阶梯。“惊异与好奇是一个民族或一个个人生命力的体现。一个丧失了好奇心的民族和个人是危险的，实际上，无论是人类种族还是个体，惊异或好奇都会随着年龄的增长呈下降趋势。对此，人们也许会提出反对意见，认为人类依然会对很多事情产生好奇，但在这样一个快餐文化的背景下，我们所谓的惊异或者好奇越来越世俗化、功利化和庸俗化，我们的眼中缺少了儿时那种天真的目光。不错，今天的人们和泰勒斯、康德们一样对于星空感到惊异或者好奇，但我们在很大程度上已经没有了先哲们的那种敬畏之心。”②

众所周知，好奇心是个体学习的内在动机之一，是个体寻求知识的动力，是创造性人才的重要特征。当今世界的竞争，早已是人才的竞争、科技水平的竞争。中国与世界发达国家之间的差距，尤其是在科技领域的差距，就是创造性人才的

---

① 全增嘏主编《西方哲学史》，上海人民出版社，1983，第 173 页。

② 李超杰：《哲学的精神》，商务印书馆，2018，第 61 页。

缺乏。要培养创造性人才、推进科学技术水平的提高，好奇心必不可少。维特根斯坦曾经师从哲学家穆尔，穆尔认为他是自己最优秀的学生，因为每当他在讲课时，其他学生都是唯唯诺诺，只有维特根斯坦总有很多问题要问，听课时脸上总是有迷茫的表情。罗素比维特根斯坦的名气大得多，但后来学术成就却远远落后，一个最主要的原因就是罗素失去了好奇心与惊异心。21 世纪是创新者的世纪，中国的发展需要越来越多勇于打破常规的年轻人。"习近平指出，惟创新者进，惟创新者强，惟创新者胜。生活从不眷顾因循守旧、满足现状者，从不等待不思进取、坐享其成者，而是将更多机遇留给善于和勇于创新的人们。提高创新思维能力，就是要有敢为人先的锐气，打破迷信经验、迷信本本、迷信权威的惯性思维，摒弃不合时宜的旧观念，以思想认识的新飞跃打开工作的新局面。"①

培养大学生的好奇心，鼓励、保护、支持至关重要。爱迪生小时候看到母鸡孵蛋，感觉非常好奇，自己也在鸡蛋上尝试孵了一天，在一般人看来这非常愚蠢，但其父母却对爱迪生的行为大加鼓励，正是这种鼓励催生了科学史上的一个天才，爱迪生一生关于电的发明有几千项成果，美国在第二次科技革命中之所以能够脱颖而出，爱迪生功不可没。好奇心需要我们的保护，面对嘲笑与诘难，好奇心会逐渐消失。一位有经验的老师在黑板上画了一个圆，问学生这到底是什么。幼儿园孩子天性没有被禁锢，回答有几十种；小学生则显得比较拘谨，答案有十几种；以此类推，受教育程度越高，答案越少。由此可以看出，好奇心需要社会的用心呵护，我们的教育在教书育人的同时一定要注意保护好孩子的好奇心，在条件许可的范围内，鼓励、支持孩子们的好奇心。我们发现，越是年龄小的孩子，提问频率越高，大学生在听课时几乎不会提出什么问题，填鸭式的应试教育让学生们

① 《马克思主义基本原理概论》编写组编《马克思主义基本原理概论（2015 年修订版）》，高等教育出版社，2015，第 55 页。

失去了独立思考的勇气与可能。

其次，把运动与时间、空间联系起来。

在亚里士多德看来，事物的运动是绝对的、无条件的、永恒的，世界上不存在不运动的事物。他的这一观点，既有唯物主义的成分，又包括辩证法的因素。就如同亚里士多德的整个哲学体系，总是在唯物主义与唯心主义、辩证法与形而上学之间徘徊。按照马克思主义唯物辩证法的观点，万事万物都在不断地运动变化发展过程中，这就要求我们一定要摒弃形而上学的观点，学会用发展的眼光看待世界。形而上学主张世界是孤立、片面、静止的，如果有变化，动力和源泉也是来自“上帝”的第一次推动力。牛顿就是这种观点的典型代表，牛顿的后半生几乎都是在研究论证“上帝”的存在，在牛顿看来，世界运动的动力来自“上帝”。与牛顿不同的是，在亚里士多德那里，运动与时间、空间不可分离。

唯物辩证法主张，“物质运动总是在一定的时间和空间中进行的，没有离开物质运动的纯粹的时间和空间，也没有离开时间和空间的绝对运动。物质运动与时间、空间密不可分。物质、运动、时间、空间具有内在的统一性，它要求我们想问题、办事情，要一切以时间、地点、条件为转移”[①]。具体问题具体分析的思维方式就是基于物质、运动、时间、空间的内在统一性而确定的，是马克思主义的灵魂，也是我们必须掌握的哲学思维方法。

最后，对于认识运动基本规律的认知。

“亚里士多德不仅肯定认识的对象是客观事物，而且断定认识活动起自感觉。感觉是认识的起源，没有感觉，就没有认识活动，就不可能有知识。”[②]这意味着

① 《马克思主义基本原理概论》编写组编《马克思主义基本原理概论（2015 年修订版）》，高等教育出版社，2015，第 27 页。

② 全增嘏主编《西方哲学史》，上海人民出版社，1983，第 204 页。

亚里士多德已经意识到感觉是整个人类认识的开始阶段，他把由客观事物引起的感觉视为人类整个认识活动的起点。在感觉的基础上产生记忆和回忆。除此之外，亚里士多德认为人具有理性的灵魂，具有利用理性思维的细胞——概念进行理性思考的能力。人是理性的动物，而理性恰恰是人与动物最根本的区别。

按照马克思主义的认识论，认识活动可以分为感性与理性两个阶段。其中，感性认识就是基于感觉器官对事物产生的认识，而理性认识则是在感性认识基础上的提高与升华。在古希腊时期，亚里士多德能够认识到这一点，至少证明他在认识论问题上具有明显的唯物主义倾向。“列宁曾明确指出亚里士多德的这一唯物主义观点，他从黑格尔《哲学史讲演录》中摘引了亚里士多德的这样一段话：‘因此，谁不感觉，谁就什么也不认识，什么也不理解。’并且在旁边写道：亚里士多德和唯物主义。”[①]

三、古希腊罗马没落时期的哲学思维

公元前 5 世纪到公元前 4 世纪，古希腊被马其顿王国征服，后又被罗马帝国吞并。公元前 338 年，亚历山大继承王位，成为马其顿的国王。伴随着亚历山大的东征，他迅速建立起一个地跨亚非欧三大洲的庞大帝国。随着领土的扩张，亚历山大也将古希腊文明传播到他所征服的地区，企图将整个世界希腊化，用古希腊文明改造世界。在这个过程中，古希腊文明逐渐与当地的思想文明融合在一起。“西方哲学史学家就把这些国家称为希腊化国家，把从公元前 334 年亚历山大东征起到公元前 30 年埃及托勒密王朝被罗马征服为止的这一时期称为希腊化时期。在这以后，古希腊作为独立国家的历史暂时也就中断了，欧洲政治中心转移到了

① 全增嘏主编《西方哲学史》，上海人民出版社，1983，第 205 页。

古罗马。但是，古希腊文明并未就此中止，而是为古罗马所继承和发扬。”[①]

古希腊哲学像世间万物一样遵循着同一个道理：任何事物都必然要经历萌芽、成长、成熟和衰落的阶段，古希腊哲学也不例外。亚里士多德时期是古希腊哲学的巅峰时期，自亚里士多德以后，古希腊哲学难掩颓势。这一时期的哲学家们不再将注意力放在本体论问题的探讨上，而是逐渐将关注点转移到如何寻求个人幸福、摆脱痛苦情绪上，伦理学取代哲学成为哲学关注点的核心。伊壁鸠鲁的原子论与怀疑主义、折衷主义的发展是这一阶段哲学发展的主流。

1. 以伊壁鸠鲁为代表的原子论

伊壁鸠鲁主要生活在马其顿刚刚消灭希腊王朝的时期，他在雅典兴建了属于自己的“伊壁鸠鲁花园”学校，学生来源非常广泛，既有贵族，也有女子和奴隶，真正实现了“有教无类”。年轻时的伊壁鸠鲁接触过柏拉图和亚里士多德的思想，不过对他影响最深的还是古希腊朴素唯物主义哲学家德谟克利特的思想。在“伊壁鸠鲁花园”学校，教授的主要内容包括唯物论和无神论。

第一，原子论。

伊壁鸠鲁在哲学上最大的贡献就在于坚持和发展了德谟克利特的原子论，而且，在坚持与发展唯物主义的基础上又增加了对于必然性与偶然性关系的认识。“我们知道，德谟克利特主张原子是按必然性而运动的，但他把必然性绝对化而否定了偶然性的客观存在。伊壁鸠鲁并不否定事物运动的必然性，同时又容许原子的自动倾斜或者偏离，这就给现实中的偶然性找到了根据。这种观点具有光辉的辩证法思想，它清楚了由于片面强调必然性、否定偶然性的客观存在而产生的宿命论。”[②]

---

① 全增嘏主编《西方哲学史》，上海人民出版社，1983，第222页。

② 全增嘏主编《西方哲学史》，上海人民出版社，1983，第228页。

必然与偶然作为联系和发展的环节，对于丰富与发展大学生的哲学思维具有非常重要的意义。事物的根本矛盾决定着必然性，而偶然性则是由非根本矛盾和外部因素引起的。必然性体现着事物发展的前途与道路，而偶然性则是对事物的发展起着加速或者延缓的作用，任何事物都是必然性与偶然性双重作用的结果。“两者相联系而存在，必然性寓于偶然性之中，偶然性背后藏着必然性，偶然性为必然性开辟道路，二者在一定条件下可以相互转化。”[①]

大学生必须认识到：对于人生的发展而言，必然性也是与偶然性并存的。生活在社会主义的新中国，我们的一生注定要与国家和民族的前途与命运紧紧相连，有国才有家，国家繁荣富强才会有个人施展才华的空间与可能。总体来说，国家的发展、个人的进步总是前进的、上升的，当然，在前进的过程中肯定会有这样那样的挫折与艰辛，这既是偶然，也是必然。没有任何人的一生会一帆风顺。这就要求我们正确对待前进过程中的艰难险阻，既不悲观失望，也不盲目乐观，辩证地看待人生的顺境与逆境，恰如苏东坡所讲“休对古人思故国，且将新火试新茶，诗酒趁年华”[②]，这其中蕴含的对于人生沉浮的认识，值得年轻人学习和深思。

第二，人生的最终目的是得到快乐。

在伊壁鸠鲁看来，快乐既是人们幸福生活的开始，也是人们生活要追寻的终极目的。人类的所谓快乐，既包括肉体和感官的快乐，也包括心灵的快乐。人类不同于动物，就在于人类有自己的思想和精神方面的追求，我们需要重视身体的需求，享受身体健康带来的快乐，但是快乐绝对不应该只建立在肉体感官的基础上，如果没有了信仰与追求，肉体上短暂的快乐只会换来无穷无尽的痛苦，将人

① 《马克思主义基本原理概论》编写组编《马克思主义基本原理概论（2015 年修订版）》，高等教育出版社，2015，第 39 页。

② 夏葳：《一蓑烟雨任平生——苏轼传》，现代出版社，2017，第 109 页。

类拉入迷茫、痛苦、乏味的深渊中不能自拔。伊壁鸠鲁的快乐尤其注重心灵上的愉悦。他说:“当我们说快乐是一个主要的善时，我们并不是指放荡者的快乐或肉体享受的快乐，我们所谓的快乐，是指身体的无痛苦和灵魂的无纷扰，使生活快乐的乃是清醒的静观，它找出了一切取舍的理由，清除了那些在灵魂中造成最大纷扰的空洞意见。”①

伊壁鸠鲁认为人的精神生活和物质生活是不可分离的，他主张将物质生活的享受降到最低限度，让人们逐渐养成简朴的习惯。当然，他的快乐论绝不是禁欲主义。在他看来，精神上的快乐才是永恒的。人类可以通过读书、交友等活动陶冶情操、宁静怡然。

后工业化时代，生活节奏加快，人们忙忙碌碌穿梭于钢筋水泥铸就的城市森林中，脚步加快的同时来不及抬头看看头顶的蓝天，享受物质生活的同时忘记了给自己的心灵放个假。这导致现代人普遍工作压力比较大，再加上有些媒体不良的导向，人们已经找不到心灵的归宿，忘记了回家的路。大学生生活在这样的社会氛围中，或多或少会受其影响，尤其是在选择专业、选择工作的时候，考量最多的问题往往是什么工作最挣钱，而不是什么工作我最喜欢。从事自己不喜欢、不擅长的工作，导致身心俱疲，找不到快乐的源泉。在这样一种背景下，重读伊壁鸠鲁的快乐理论，会让我们对古人多一丝敬意，对于人生的价值和意义有更多正向的思考，“肉体的健康和灵魂的平静乃是幸福生活的目的”②。

2. 基督教的初步发展

基督教产生于大约公元前 1 世纪，最初是在犹太人中流传，后来逐渐蔓延到整个罗马帝国范围。基督教“最初是奴隶和被释放的奴隶、穷人和无权者、被罗

① 全增嘏主编《西方哲学史》，上海人民出版社，1983，第 232 页。
② 全增嘏主编《西方哲学史》，上海人民出版社，1983，第 232 页。

马政府或驱散的人们的宗教”。[①]在产生的渊源上，基督教与其他宗教一样，最初都是被统治者对于现实的无奈、彷徨，只能把希望寄托于来世。“宗教最初是被压迫者对现实苦难的叹息和抗议，而后被统治阶级所利用，成为统治被压迫者的思想工具”[②]。基督教的教义开始大力宣传逆来顺受、驯良服从等宿命论观点，奴隶主是“上帝”指定的权威，必须无条件遵守。基督教逐渐偏离了最初时产生的群众基础，转变为罗马帝国阶级统治的重要工具。

纵观整个欧洲文明，古希腊罗马是其重要的发展时期。这一时期的欧洲基本上处于奴隶社会，历经了一千多年的时间，创造了令后人为之赞叹的人类文明，其中的哲学就是一颗璀璨耀眼的明珠。它在最初的时候研究的是本体论，也就是世界本原问题，由此演化为唯物主义与唯心主义两个不同的哲学派别，在此基础上，也交织着辩证法与形而上学的斗争。“古希腊罗马哲学不论是唯物主义的派别还是唯心主义的派别，都经历了从简单到复杂、从低级到高级的发展。随着这种发展，唯物主义与唯心主义的区分也越来越明显，各种哲学学说也越来越系统化，各种哲学体系的内容也越来越丰富。但是，正像任何事物都要经历一个从产生、发展到消亡的过程一样，古希腊罗马哲学发展到亚里士多德那里就达到了顶峰，从那以后，虽然在某些领域某些问题上还有所前进，但就整个趋势来说已经走向衰落。尤其随着奴隶制政治经济的腐朽没落，这种衰落的趋势日趋明显，以致最后与神学唯心主义结合在一起。当然，古希腊罗马哲学并未因此而消逝，相反，它所提出的问题以及对各种问题所做的探索、回答为后来欧洲哲学的发展奠定了基础。”[③]

---

① 恩格斯：《论早期基督教的历史》，载《马克思恩格斯全集》第22卷，人民出版社，1965，第525页。

② 《马克思主义基本原理概论》编写组编《马克思主义基本原理概论（2015年修订版）》，高等教育出版社，2015，第10页。

③ 全增嘏主编《西方哲学史》，上海人民出版社，1983，第271页。

第二章　西欧资本主义萌芽时期的哲学思维方式

公元 14 世纪到公元 16 世纪末期，是欧洲封建社会逐渐瓦解以及资本主义生产关系逐渐萌芽的历史时期。在欧洲，资本主义生产关系的萌芽最初产生在意大利附近，正如马克思所说："在 14 和 15 世纪，在地中海沿岸的某些城市已经稀疏地出现了资本主义生产关系的最初萌芽。"[①]15 世纪末期以后，资本主义得到蓬勃发展，开始从地中海沿岸的佛罗伦萨、米兰等地蔓延到整个欧洲，中心转移到德国、法国以至英国。其中，英国的资本原始积累以"圈地运动"最为典型。通过圈地运动，资本家积累了大量财富，这种生产领域的变化逐渐扩展到上层建筑领域。那就是在政治上完成资产阶级革命，英国是欧洲大陆最早完成工业革命的国家。

在资本原始积累的过程中，不仅有生产力的发展以及自然科学的发展，还有到处弥漫的血腥与暴力，残酷的殖民掠夺与资本掠夺使民众不堪重负。马克思说："资本来到世间，从头到脚，每个毛孔都滴着血和肮脏的东西。"[②]对于这种血腥与暴力掠夺，抗争与冲突经常存在。在这样的背景下，人们普遍认为，兴起于古希腊罗马时代的文明在经历了中世纪的沉寂之后再次复兴，因此用"再生""复兴"表达，史称"文艺复兴运动"。其实，这是一种崭新的文明模式，是披着复兴

① 马克思：《资本论》第 1 卷，人民出版社，1975，第 784 页。

② 中共中央马克思恩格斯列宁斯大林著作编译局编《马克思恩格斯选集》第 2 卷，人民出版社，2012，第 297 页。

外衣的崭新的资本主义文化。“资产阶级并不是简单利用了古希腊文化，而是将它加以改造，使之成为资产阶级所需要的文化，用它来摧毁长期占统治地位的经院哲学，把停滞的科学技术推向前进，并为资产阶级革命做舆论准备。”[①]

这一时期的哲学领域也是精彩纷呈，其中最重要的是人文主义的兴起，其核心是人性论。众所周知，人性分为自然属性与社会属性。针对欧洲中世纪经院哲学家对人性的鄙视和压抑，文艺复兴时期的哲学特别强调人的自然属性，按照这种观点，每个人都有自己的尊严，都有追求人生幸福的权利，人是这尘世间最自由最伟大的生物，主张人性自由、生而平等成为这一时代的主基调。

既然是打着文艺复兴的旗号，对于古代哲学的利用相对比较多。在这其中，“被利用最多、影响最大的是伊壁鸠鲁的伦理学，古希腊的原子论，柏拉图和新柏拉图主义的学说，亚里士多德的哲学观点以及古希腊的怀疑主义等”[②]。在这其中，也已经出现早期空想社会主义思想的萌芽，托马斯·莫尔的《乌托邦》为当时的人们描绘了一幅未来社会的美好图景。

一、人文主义思想的广泛传播

在资本主义思想萌芽的欧洲，尊重人的自然属性、尊重人的自由与尊严的人文主义思想开始广泛传播，这既是资本主义思想的萌芽，又是对严重压抑个性自由的欧洲中世纪神学思想的挑战与颠覆。“这个时期的人文主义，是与资本主义经济早期发展一起出现的思想运动与文化运动。这个运动，对古希腊罗马的文学、艺术、伦理思想和哲学进行研究与改造，创造了适合于推动资本主义发展的文化和世界观，其目的在于打破天主教会和经院哲学对人们精神上的束缚，并为资产

① 全增嘏主编《西方哲学史》，上海人民出版社，1983，第354页。
② 全增嘏主编《西方哲学史》，上海人民出版社，1983，第357页。

阶级革命提供思想准备和舆论支持。”①

1. 但丁：关于自由与爱

但丁出生于文艺复兴的发源地——意大利的佛罗伦萨，他出身于没落贵族，由于政治原因被放逐出国长达21年直至去世。在被放逐期间，但丁主要通过自己的文字作品表达自己对于人性自由的追求，《神曲》和《新生》是他最主要的两部著作。马克思曾经高度赞誉但丁：“封建的中世纪的终结和现代资本主义纪元的开端，是以一位大人物为标志的。这位人物就是意大利人但丁，他是中世纪最后一位诗人，同时也是新时代的最初一位诗人。”②

在但丁看来，因为天赋理性和自由意志，人类比任何动物都要高贵与自由。他认为：“人类最自由的时候，就是它被安排得最好的时候，自由的第一原则就是意志的自由，意志的自由就是关于意志的自由判断。”③

但丁用人与人之间的“爱”取代中世纪神学宣传的人对神或者神对人的爱，在他看来，“爱”是世界发展的最终动力，“爱”组成了整个世界。但丁的思想，是历经中世纪神学禁锢之后人性的爆发与重新发现，他将人们关注的焦点从天国拉回人间，引导我们关注自身、关注正常的人的感情，有力地反对了封建束缚与宗教的禁欲主义。

2. 薄伽丘：关于人的全面发展

薄伽丘是欧洲文艺复兴时期著名的作家、思想家，其代表作为《十日谈》。在这本书中，薄伽丘详细阐述了人的全面发展思想。在他看来，“自然把人创造得又

---

① 全增嘏主编《西方哲学史》，上海人民出版社，1983，第439页。

② 马克思、恩格斯：《共产党宣言》，载《马克思恩格斯选集》第1卷，人民出版社，1972，第249页。

③ 周辅成编《从文艺复兴到十九世纪资产阶级哲学家政治思想家有关人道主义人性论言论选辑》，商务印书馆，1966，第19页。

美丽又匀称，不是用木头或者金刚钻造人，而是用血肉造出来的，所以，人应该是全面发展的人。人应该是聪明的、强壮的、灵活的、受过教育的”①。

另外，由于薄伽丘主张人的全面发展原则，因此，他要求实现人与人之间的平等，这在当时具有跨时代的意义。因为按照中世纪神学代表人物托马斯·阿奎那的理论，哲学是神学的婢女，所有科学成果都要为神学服务，科学的最终目的就是神学，不仅如此，他还按照这个逻辑体系解释人与“上帝”的关系，认为“上帝”是人类的父亲，是人类的创造者，人的至善就在于认识上帝。

在今天，全面而自由的发展依旧是人类追求的永恒目标，对于大学生而言亦是如此。实现人的自由而全面的发展，是马克思主义追求的根本价值目标，也是共产主义社会的根本特征。在这一点意义上来说，薄伽丘的思想具有超越那个时代的积极意义，对此恩格斯有过非常精彩的论述:“人们自身的社会结合一直是作为自然界和历史强加于他们的东西而同他们相对立的，现在则变成他们自己的自由行动了。至今一直统治着历史的客观的异己的力量，现在处于人们自己的控制之下了。只有这时起，人们才完全自觉地自己创造自己的历史。只是从这时起，由人们使之起作用的社会原因才大部分并且越来越多地达到他们所预期的结果。这是人类从必然王国进入自由王国的飞跃。”②

3. 皮科：人是有尊严的

欧洲中世纪，哲学沦为神学的婢女，人在“上帝”面前的地位是微不足道的。皮科作为文艺复兴时期人文主义的代表，极力主张人的尊严。“人是万能的，他可以按照他的意志做他所愿意做的一切，他有自己的尊严，因为他高于万物。他有

① 全增嘏主编《西方哲学史》，上海人民出版社，1983，第362页。

② 中共中央马克思恩格斯列宁斯大林著作编译局编《马克思恩格斯选集》第3卷，人民出版社，2012，第671页。

他自己的价值，因为‘上帝’创造人时，就把人放在没有限制没有约束的地位上。人的现世生活是重要的。”①

强调人的尊严和价值是资本主义思想共同的特点，尤其是在资本主义萌芽时期，自由、尊严是新兴资本主义反对封建势力最有力的思想武器。在中国明朝中晚期，伴随着生产力的发展，在江南比较富庶的地方例如一些丝织厂里开始出现雇佣与被雇佣的关系，这被视为资本主义生产关系的萌芽。伴随着资本主义生产关系的发展，当时的思想家诸如王艮、李贽等也提出尊重人权、提倡自由的思想。“中国的早期启蒙思想源于明代中晚期。当时，伴随着资本主义生产关系的萌芽，市民阶级兴起，社会结构出现变动，时代呼唤一种新的伦理价值体系的产生。李贽，一个孤独的老僧，一位异端的独行者，以其独特的睿智站在了当时时代的最前沿，他以对功利、自由、平等的论述构筑了他的价值体系，形成其独特的启蒙伦理观。以童心说为基础，李贽的自由观体系主要包括：天生一人自有一人之用，既然人的个性各不相同，其发展、成材的道路也应有所差异，教育应因材施教、因人施教，提倡个性的张扬；以颠倒千万世之是非的气概，提出不以孔子之是非为是非，否定权威的神圣性而强调真理标准的相对性，开启晚明思想解放的潮流；天必因材更是为我们描绘了一幅自由竞争、弱肉强食的社会图景。”②

二、唯物主义思想的进一步发展

1. 达·芬奇

达·芬奇是文艺复兴时期意大利著名的画家、科学家，是这一时期最完美的

① 全增嘏主编《西方哲学史》，上海人民出版社，1983，第367页。

② 吴延芝、孙晓华：《中华传统文化教程》，山东大学出版社，2019，第178页。

代表，他精通绘画、数学、建筑以及物理学、天文学等诸多门类，其中最为有名的是绘画，《蒙娜丽莎》和《最后的晚餐》是这一时期艺术成就的最高代表。其中，《蒙娜丽莎》塑造了资产阶级产生阶段家庭背景富有的城市女性高贵典雅的形象，通过她的微笑，人们仿佛可以看到文艺复兴时代逐渐苏醒的人性光辉。

第一，注重实践。

达·芬奇哲学思维方式最重要的特点是注重实践。他认为，要获得知识，最重要的就是通过实践向大自然学习。为了画好人物的眼睛，他专门研究了透视光学、人体解剖学、光学的传播规律以及人类眼睛的构造。我们现在看到中世纪留存至今肖像画，几乎都是呆板、僵硬，面部毫无表情，在人文主义的影响下，达·芬奇开始逐渐尝试从解剖学和生理学上进行研究，探索隐藏在皮肤下的脸部肌肉的微笑状态，研究人在轻松愉快时的心理变化与反应过程。

实践的观点是马克思主义认识论与其他哲学最显著的区别，唯有通过实践，我们才能够真实感受到世界的光线、颜色、味道以及四季变化，“人的认识从实践中产生，服务于实践，随时间发展，并接受实践的检验，实践是认识的来源、目的、动力和检验其真理性的标准，实践决定认识”[①]。

对于大学生来说，在校期间掌握了大量的科学文化知识，是某一领域、某一行业的人才。但大学生的知识结构比较理论化，实践经验明显不足。2020 年 7 月，中央电视台对中国工程院院士朱有勇的事迹进行了报道，称赞他是把论文写在大地上的农民院士。“朱有勇说：‘我是一个成长于土地、收获于土地的农民！与土地相亲、与农民相亲，是我一生的梦想，我这辈子能用一点点付出帮助农民兄弟脱贫，我感到很欣慰。’他最为耀眼的亮点，是他和他的团队，坚持把论文写在大

① 《马克思主义基本原理概论》编写组编《马克思主义基本原理概论（2015 年修订版）》，高等教育出版社，2015，第 64 页。

地上，用自己多年的科技成果，为乡亲服务，为扶贫出力。”[①]把论文写在大地上，让自己的科研成果真正惠及于民，伏下身子聆听土地的召唤，响应国家的需要，理论联系实际，对于当代大学生来说，才是最重要的哲学思维方式。

第二，向自然学习。

在绘画的过程中，达·芬奇特别强调要向大自然学习。他认为：“画家如果拿旁人的作品作自己的标准或典范，他画出来的画就没有什么价值。如果努力向自然事物学习，他就会得到很好的结果。”[②]至于如何向自然学习，达·芬奇主张用自己的眼睛看，用自己的耳朵听。“眼睛叫作心灵的窗户，它是知解力用来最完满、最大量地欣赏自然的无限的作品的主要工具；耳朵处在其次，它就眼睛所见到的东西来听一遍，它的重要性也就在此。”[③]

西方哲学家康德曾经说过，这个世界上有两件事让他心生敬畏，一个是心中的道德律，另一个就是头顶的星空。让康德心生敬畏的头顶的星空我们可以理解为大自然。自然界孕育了人类，陪伴人类成长，即使是科学技术水平迅速发展的今天，人类的吃喝穿住都不可能离开自然界。因此，学会向大自然学习，与自然界和谐相处，是当代人都应该知道的生存智慧。

自然界永远是人类的老师，在其中，蕴含着人类所有文明的最终源头。“1985年，习近平总书记在张宏樑的毕业纪念册上亲笔题写了‘志存高远 行循自然’八个字；2019年，习近平总书记看望内蒙古大学留校学生时，再次寄语青年大学生，‘要志存高远、脚踏实地、行循自然，学好知识，打好基础，增长才干，将来为中华民族伟大复兴贡献自己的智慧和力量。’跨越34年的时间长河，‘行循自然’

① 雷钟哲：《期待更多人把论文写在大地上》，2020年7月9日，https://baijiahao.baidu.com/s?id=1671721351819904742&wfr=spider&for=pc。
② 伍蠡甫：《西方文论选》上卷，上海译文出版社，1981，第183页。
③ 伍蠡甫：《西方文论选》上卷，上海译文出版社，1981，第181页。

是习近平总书记对青年的殷殷嘱托中始终不变的核心‘关键词’。”[①]“‘行循自然’中的‘自然’体现在人生的全过程，是一种积极向上的人生哲学。于广大青年大学生而言，行循自然绝非不作为、懈怠、沉沦、随波逐流，它所强调的是面对复杂的外部环境和内心的迷茫能够始终坚定内心，在孜孜不倦学习、静心钻研理论、积极掌握技能、竭力提升素养的主观能动性发挥中认识规律，从而最大限度合乎规律，认识事物本质，妥当解决问题，达到期望目标。总书记说：‘一时有些疑惑、彷徨、失落，是正常的人生经历。关键是要学会思考、善于分析、正确抉择，做到稳重自持、从容自信、坚定自励.’‘行循自然’的生活态度，是充分发挥主观能动性，正确选择、全力拼搏、竭力付出后的‘争其必然、得之坦然’，是在实践中收获成长、在辛勤中获得提升、在过程里寻觅青春无限可能、享受过程而无惧失败的‘失之淡然，顺其自然’。”[②]

2. 布鲁诺的泛神论唯物主义

布鲁诺生于意大利，由于具有反神学的异端思想被驱逐，其唯物主义哲学思想是文艺复兴时期的最高成就代表，他把辩证法与唯物主义结合起来，宣传无神论与唯物主义，后由于宣传哥白尼的日心说，被罗马教廷活活烧死。布鲁诺的哲学思维方式主要表现在下述几个方面。

第一，唯物主义的认识论。

在布鲁诺看来，人类的认识可以分为大致三个阶段，“第一个阶段是感觉，第二个阶段是理性，第三个阶段是理智。布鲁诺的这种认识论观点反映了文艺复兴

---

① 姚崇、王鑫：《青年要在“行循自然”中成长成才——学习习近平与大学生朋友们有感》，《中国青年报》2021 年 2 月 9 日。

② 姚崇、王鑫：《青年要在“行循自然”中成长成才——学习习近平与大学生朋友们有感》，《中国青年报》2021 年 2 月 9 日。

时期哲学家对人的认识能力的研究所达到的水平”[①]。我们可以看出，布鲁诺关于人类认识阶段的划分已经非常接近马克思主义关于认识不同阶段的划分。在布鲁诺看来，感性认识是整个认识过程的起点，理性认识就是对感性认识的进一步加工，通过这种加工，人类对于客观事物的认识就不再停留在感性认识阶段，而是会逐步深入到对事物本质和规律的认识。而且，布鲁诺已经发现并认识到主观能动性在人类认识世界中的重要作用，这在当时的认识论领域属于比较重要的创新。

马克思主义的认识论认为，主观能动性在人类认识和改造世界的过程中发挥着非常重要的作用。具有主观能动性是人与动物最基本的区别之一，在尊重客观规律的基础上，充分发挥人的主观能动性，是我们认识和改造世界的锐利武器。主观能动性的发挥，需要注意必须从实际出发，“从实际出发，努力认识和把握事物的发展规律。只有从客观实际出发，充分反映客观规律的认识，才是正确的认识；只有在正确认识指导之下，符合客观规律的行动，才是正确的行动”[②]。

新中国成立之初，国家的各项建设需要大量的专业人才。一大批中国科学家响应祖国号召，毅然放弃国外优厚的待遇以及先进的科研条件，回到祖国，为新中国的各项建设事业呕心沥血。1945 年左右，郭永怀已经成为空气动力学方面全球知名的科学家，新中国成立后，他毅然烧掉所有书稿，告别生活条件优渥的美国，回到当时一清二白的中国，带领科研人员在导弹和核弹研究方面做出巨大贡献。1968 年 10 月，郭永怀在乘飞机返回北京途中发生事故不幸去世。救援队伍到达现场以后，发现两具已经烧焦的尸体紧紧抱在一起，当救援人员将尸体分开以后，在两人中间发现一个公文包，里面是最重要的实验数据。最后经过仔细辨

---

① 全增嘏主编《西方哲学史》，上海人民出版社，1983，第 393 页。

② 《马克思主义基本原理概论》编写组编《马克思主义基本原理概论（2015 年修订版）》，高等教育出版社，2015，第 31 页。

认，发现这两人是郭永怀与他的警卫员。那个时代的情感给人太多的震撼，让我们肃然起敬。在新中国建立之初，有很多像郭永怀这样的科学家，他们克服重重困难，充分发挥中国人的聪明才智以及爱国情怀，在各自的研究领域为祖国建设做出了重大贡献。

第二，正确看待生死问题。

生死问题是自人类产生以来一直伴随始终、不能逃避的问题。历史上几乎所有的哲学家对于生死都有自己的见解。以孔子为代表的儒家思想对于生死问题并不重视，孔子认为人要好好活着，至于死后的事情没有必要考虑太多。在基督教占统治地位的西方，人们对于生死也有自己的看法。“布鲁诺提出‘活死人’这个概念来表达资产阶级的精神不朽或理想的不朽，以反对宗教所鼓吹的人的灵魂不朽。小我可以死亡，大我永存。布鲁诺这种道德原则与生死的辩证法表达了资产阶级积极的人生观，这正说明了他一生为真理而斗争的不屈不挠的精神。”①

布鲁诺的生死观，传达出文艺复兴时期的人们对于生死的积极观点。他们用莫大的勇气冲破神学的禁锢，正确看待人生，正确看待生死。从这点意义上，我们完全能够理解他被罗马教皇烧死在鲜花广场上的激情与勇气，正如布鲁诺曾经的诗句：

我高举着爱的旗帜，
希望渺茫如冷水，愿望热烈如沸水，
我沉默无言，可是我的喉咙却在哭诉；
严寒和酷热都一样使我感到发冷。
心上放火花，灵魂尽痛哭，
我虽生犹死，我笑中含泪；

① 全增嘏主编《西方哲学史》，上海人民出版社，1983，第400页。

到处是水，可是喷着熊熊的火焰，

眼前是大海，心中是火山。[①]

布鲁诺的生死观具有极大的睿智与勇气，对于今天的大学生依旧具有教育意义。按照唯物史观的观点，生与死都是极为正常的事情，每天都有很多人离开这个世界，每天又有很多新生命降生。正确看待生死问题，树立正确的生命观、价值观，过有意义的人生。为纪念鲁迅先生，作家臧克家写出了对于生死的正确态度：

有的人

——纪念鲁迅逝世十三周年有感

有的人活着，

他已经死了；

有的人死了，

他还活着。

有的人，

骑在人民头上：呵，我多伟大！

有的人，

俯下身子给人民当牛马。

有的人，

把名字刻入石头，想不朽；

有的人，

情愿做野草，等着地下的火烧。

有的人，

他活着别人就不能活；

① 周辅成编著《英雄的热情》，载《西方伦理学名著选辑》上卷，商务印书馆，1996，第427页。

有的人，
他活着为了多数人更好地活。
骑在人民头上的，
人民把他摔垮；
给人民作牛马的，
人民永远记住他！
把名字刻入石头的，
名字比尸首烂得更早；
只要春风吹到的地方，
到处是青青的野草。
他活着别人就不能活的人，
他的下场可以看到；
他活着为了多数人更好地活的人，
群众把他抬举得很高，很高。[①]

3. 伽利略

伽利略出生于意大利的比萨，在数学、哲学、天文学领域都颇有造诣，同时伽利略还是个伟大的发明家，人们今天用到的温度计就是他发明的。他还在比萨斜塔上用试验证明亚里士多德落体定律的错误。伽利略在哲学思维方式上的贡献主要来自他勇于怀疑的科学精神。

比萨斜塔试验又被称为“自由落体试验”。关于自由落体运动，古希腊哲学家亚里士多德曾经断言，物体从高空下落，下落的速度与物体的重量成正相关关系。由于亚里士多德在西方世界的广泛影响，几百年来一直没有人敢怀疑这个结论的

① 臧克家：《臧克家诗选》，人民文学出版社，1994，第78页。

正确性，直到伽利略的出现。1589年的一天，伽利略在比萨斜塔用试验证明了亚里士多德结论的错误。他勇于怀疑的精神直至今日依然为人称赞。

科学需要怀疑精神，人类进步同样需要怀疑精神，怀疑精神是人类推翻既往成就、继续前进的必由之路。21世纪是创新者的时代，培养大学生的怀疑精神显得尤为重要。没有绝对的真理，怀疑是促使我们探索知识的动力。有了怀疑的精神，便会有疑问，就会迫切地去寻找解决问题的办法，就会不断去思考。

三、早期空想社会主义的产生

"社会主义500年的发展，历经从空想到科学、从理论到现实、从一国到多国的波澜壮阔的发展历史。"[①]社会主义最初是以空想的面目出现在世界上的。16世纪初期，空想社会主义思想开始在欧洲出现，19世纪初期达到顶峰。空想社会主义者对于现实社会的鞭挞以及对于未来美好社会的展望，是马克思主义的科学社会主义的直接理论渊源。其发展大致经历三个阶段：16—17世纪的早期空想社会主义、18世纪的空想社会主义、19世纪初期批判的空想社会主义。托马斯·莫尔是早期空想社会主义的代表，1516年发表的《乌托邦》为人们描绘了一个没有剥削、没有压迫的美好社会，"乌托邦"在今天经常被用来形容美好但无法达到的愿望。19世纪初期的空想社会主义是马克思主义的直接理论渊源之一。

空想社会主义产生的重要原因就在于人们对资本主义社会的极度失望。不可否认，资本主义生产方式在客观上带来了生产力的巨大进步，机器大生产取代手工生产也是人类生产方式的巨大进步。但不可否认的是，不管是资本的原始积累阶段，还是资本主义的快速发展阶段，都是以对工人的残酷剥削与压迫为代价的。

---

① 《马克思主义基本原理概论》编写组编《马克思主义基本原理概论（2015年修订版）》，高等教育出版社，2015，第239页。

对于资本主义社会的极度失望，使得一些有识之士开始憧憬一个没有剥削、没有压迫、人人平等的美好社会。

在空想社会主义者那里，有很多对于未来美好社会的想象，不过，他们并没有发现通往未来美好社会的正确路径以及必须要依靠的力量，因此，只能限于空想。在其中，托马斯・莫尔以及康帕内拉的思想集中反映了早期空想社会主义思想的特点。

1. 托马斯・莫尔的《乌托邦》

资本主义生产关系萌芽之后，其成长非常缓慢，很显然，这远远不能满足资本家财富积累的欲望。马克思说："这种方法的蜗牛爬行的速度，无论如何也不能适应15世纪末各种大发现所造成的新的世界市场的贸易需要。"[①]随着世界市场的迅速扩大，资本家加快了资本积累的步伐，英国的圈地运动是资本积累形式的典型代表。由于圈地运动，农民失去原有土地，一无所有，为了生存不得不到资本家的工厂工作，实现了由农民到工人身份的转变。为了追求剩余价值，资本主义发展初期的资本家对工人的剥削非常严重。托马斯・莫尔目睹了这些惨状，对资本主义制度展开抨击。

第一，揭露社会的不平等。

圈地运动使农民失去原有土地，成为流浪者，他们或者被雇佣到毛纺织厂，或者到处流浪，或者被迫成为强盗。"莫尔的《乌托邦》就集中反映了这一时期的剥削者与被剥削者、压迫者与被压迫者的矛盾，特别是反映了当时正在出现的早期无产者与资产阶级的矛盾。这部著作对贵族和资产阶级进行了严厉批判，并提

① 中共中央马克思恩格斯列宁斯大林著作编译局编《马克思恩格斯选集》第 2 卷，人民出版社，2012，第 296 页。

出实行公有制的社会主义的想法。”[1]对于当时由资本积累造成的社会不平等，莫尔非常痛恨，他说：“有大批贵族，这些人像公蜂一样，一事不作，靠别人的劳动养活自己，即是说，靠在田地上做工的那些佃农。为了扩大收入，他们对这些佃农敲骨吸髓，重重剥削。”[2]

资本主义奉行的是自由竞争的政策，在这种环境中，贫富差距越来越大，但政府并不给予任何干预，这就使社会的贫富分化日趋严重。托马斯·莫尔指出这些社会的弊病并且进行严厉抨击，这是他作为早期空想社会主义者的进步之处。

平等思想在人类社会由来已久，长期以来一直是人们畅想的美好社会奉行的核心理念。中国历史上的农民起义，平等一直是鼓动人心、团结队伍的旗帜。18世纪的法国，平等与自由、博爱三者成为资产阶级革命运动时期的口号。

平等是人们对于理想社会的向往与追求，也是新时代社会主义核心价值观的基本要求。在国家、社会、个人三个层面上，平等属于社会层面的要求，是人们对于美好社会的生动描述与追求。这既是中国共产党矢志不渝的奋斗目标，同时也是社会各界共同追求的核心理念。平等是指公民在法律面前人人平等，核心思想是尊重和保障人权。

第二，提出废除私有制。

基于英国人民当时的生存状况，托马斯·莫尔认为私有制是所有“恶”的起源，因此强烈要求废除私有制。“他主张废除私有财产，他的计划是每个人都要劳动。除了担任公共职务与智力劳动者之外，都要从事体力劳动，手工业和农业的产品都是全社会的财产，每个公民可以从公共仓库里领取所需要的东西，由于产

① 全增嘏主编《西方哲学史》，上海人民出版社，1983，第426页。

② 托马斯·莫尔：《乌托邦》，商务印书馆，1957，第34页。

品充足就用不着害怕任何人取得过多。”[①]对于圈地运动，他这样评价：“你们的绵羊本来是那么驯服，吃一点点就满足，现在据说变成很贪婪很凶蛮，甚至要把人吃掉，把你们的田地、家园、城市要蹂躏完了。”[②]

当然，囿于当时的社会条件以及自身认识的问题，托马斯·莫尔并不真正了解私有制的起源，因此也不能指出如何才能正确废除私有制。在这个问题上，托马斯·莫尔很明显受到了柏拉图的影响，他对于作为当时先进生产方式的资本主义并不赞成，而是主张到中世纪经济发展模式中找到解决途径，这无疑是一种开倒车的行为，是与社会发展规律格格不入的。按照马克思、恩格斯的看法，“在无产阶级还不是很发展、因而对本身的地位的认识还基于幻想的时候，同无产阶级对社会普遍改造的最初的本能的渴望相适应的。”[③]

2. 康帕内拉的《太阳城》

康帕内拉是早期空想社会主义的杰出代表，其著作《太阳城》描述了一个航海者在太阳城里看到的美好景象。“康帕内拉的最大贡献在于提出了一种空想共产主义的设想，他与托马斯·莫尔一样对以后空想社会主义的发展产生了巨大影响。”[④]

第一，《太阳城》中的太阳。

《太阳城》无论是内容还是形式上都与《乌托邦》有很多相似之处，因此很多人把这两部作品视为姐妹篇。航海者在太阳城里看到的是如下景象：在这个国家中，每个公民都是平等的，他们生产出来的产品属于社会，居民可以从社会得到他们日常生活所需的各种东西；没有家庭，婚姻由政府统一安排，生出来的孩

① 全增嘏主编《西方哲学史》，上海人民出版社，1983，第427页。

② 托马斯·莫尔：《乌托邦》，商务印书馆，1957，第34页。

③ 马克思、恩格斯：《共产党宣言》，载《马克思恩格斯选集》第1卷，人民出版社，1972，第282页。

④ 全增嘏主编《西方哲学史》，上海人民出版社，1983，第433页。

子由社会统一进行教育；没有等级，最高统治者是一位德高望重、充满智慧的哲学家。今天看来，康帕内拉的《太阳城》有些思想是比较超前的。

第二，对于柏拉图思想的继承发展。

在《理想国》中，柏拉图精心构建了一个哲学王的社会结构。“柏拉图认为，理想的国家或社会组织恰如整个宇宙或者个人一样，理性应该在其中占据统治地位。那么，理性的统治地位如何体现出来呢？他认为，在一个理想的国家或社会中，统治阶级、武士阶级和劳动者阶级这三个等级的人应当各守本位，各尽其职。只有这样，一个国家或社会才能和谐一致，才能实现正义的原则。在统治者中，最高者则为哲学王。柏拉图十分强调哲学王的作用，认为要使他所提出的理想国家的蓝图得以实现，就必须由哲学王来当国王，把国家权力与哲学合二而一，以哲学为工具来治理国家。他特别强调所谓哲学与政治结合，哲学家当国王，就正是体现了他关于理性应当在国家组织中居绝对的统治地位的主张。”①

当然，康帕内拉的理想社会，除了对于柏拉图理想国思想的继承之外，也有自己的特色。比如，国家的最高领袖除了是哲学王之外，还应该是宗教领袖，太阳城里的居民没有理想国的等级，人人平等。

① 吴延芝、孙晓华：《中华传统文化教程》，山东大学出版社，2019，第17页。

第三章　18 世纪启蒙时期的哲学思维方式

启蒙，本以为教育人们接受新鲜事物，借以摆脱愚昧与落后。启蒙运动，是在 18 世纪以法国为中心展开的异常思想大解放运动，是法国大革命的前奏曲，其对抗的是象征着封建专制制度的天主教会。启蒙运动，是法国从传统走向现代的分水岭，使法国迅速成为世界上为数不多的发达国家，奠定了法国几百年的发展基础。不仅是法国，启蒙运动对于整个欧洲的政治、经济、文化都产生了史无前例的影响，它帮助法国人从封建专制的压迫中走出来，开始运用理性眼光、理性思维对待世界。在启蒙运动的中心——法国，以伏尔泰、孟德斯鸠、卢梭以及狄德罗为代表的百科全书派起了显著作用。运动影响深远，当时已开始使用“启蒙时代”的概念，以表示同“黑暗的中世纪”对立。

一、18 世纪启蒙时期哲学的特点

18 世纪上半叶的欧洲，英国已经完成资产阶级革命，但是革命并不彻底，资产阶级与封建地主贵族在政治上相互妥协，最终建立起君主立宪制的政治体制。相较于英国，法国的资产阶级革命却是一次伟大的反对封建专制的彻底革命。1789 年大革命之前的法国是典型的君主专制制度，国王是这个国家的主人。人们按照社会地位被分为三个等级，僧侣、贵族是第一、第二等级，新兴资产阶级、农民、城市平民以及手工业者属于第三等级。第一、二等级属于特权阶级，经济上富有的资产阶级在政治上长期处于无权的尴尬地位，法国的资产阶级与其他第三等级的人联合起来，共同争取自己的政治地位，因此，法国的资产阶级革命要比英国彻底得多。

为了给即将到来的资产阶级革命制造舆论声势，法国资产阶级在思想领域掀起大规模的启蒙运动。启蒙运动是资产阶级继文艺复兴之后的第二次大规模思想革命，如果说文艺复兴是资产阶级产生的表征，那么，启蒙运动则是资产阶级争取自身政治权益的斗争。在启蒙运动中，“法国资产阶级启蒙思想家高举理性的旗帜，把理性当作一切现存事物的唯一裁判者，他们不承认任何外界的权威，不管这种权威是什么样的。过去由于专制制度和宗教窒息了人们的理性，致使人们经常处于愚昧和苦难之中，如今他们恢复了理性的权威，发现了永恒的正义”[①]。

“18 世纪法国启蒙运动的最高理论成果是与战斗无神论相结合的坚定的唯物主义哲学”。[②]马克思甚至将其称为“18 世纪科学的最高峰”。[③]为迎接即将到来的法国大革命，启蒙运动时期的哲学研究领域最初集中在怀疑论，后来逐步转移到唯物主义与无神论。

启蒙运动期间的哲学家吸收了自然科学的成果，认为世界是物质的。只不过这一时期的唯物主义带有浓厚的形而上学色彩，具有机械性、片面性与不彻底性。在这一时期，人们已经能够用技术手段观测到原子。而且在当时的条件下原子确实不可分，科学家们普遍认为原子就是组成世界的最小微粒，我们生活的世界就是原子按照不同的形状排列组合的结果。哲学家们吸收了自然科学的成果，认为世界的本原是原子，而且原子不可分割。

形而上学唯物主义的特点为机械性、片面性与不彻底性。如拉美利特认为，

---

① 全增嘏主编《西方哲学史》，上海人民出版社，1983，第 665 页。

② 全增嘏主编《西方哲学史》，上海人民出版社，1983，第 782 页。

③ 中共中央马克思恩格斯列宁斯大林著作编译局编《马克思恩格斯全集》第 1 卷，人民出版社，1979，第 657 页。

人就是一架比较精密的仪器，是一种能够在地面上直立爬行的机器。另外，形而上学唯物主义一个主要的缺陷就是不彻底性。尽管这一时期的唯物主义哲学家承认自然领域的物质性原理，可是在社会历史领域内依旧是唯心史观占据统治地位，各种各样的英雄史观充斥其间，直到马克思唯物主义史观的出现。马克思的唯物史观学说是马克思一生最伟大的发现之一，它同剩余价值学说一起奠定了科学社会主义的理论基础，使社会主义理论由空想变为科学。

唯物史观与唯心史观对立的焦点主要包括人类历史发展的动力问题，人类历史发展的规律问题，群众、杰出人物在历史发展中的地位问题等。唯物史观将唯物主义原则贯彻到社会历史领域，克服了形而上学唯物主义的不彻底性。对此，马克思明确指出："人们在自己生活的社会生产中发生一定的、必然的、不以他们的意志为转移的关系，即同他们的物质生产力的一定发展阶段相适合的生产关系。这些生产关系的总和构成社会的经济结构，即有法律的和政治的上层建筑竖立其上并有一定的社会意识形态与之相适应的现实基础。物质生活的生产方式制约着整个社会生活、政治生活和精神生活的过程。不是人们的意识决定人们的存在，相反，是人们的社会存在决定人们的意识。"①

二、18 世纪启蒙时期哲学的代表人物

18 世纪的法国启蒙运动，是一场政治、思想领域的伟大变革。在这场变革中，唯物主义哲学家继承并发展了自古希腊以来欧洲历史上的先进的哲学思想，与当时的时代特点、时代因素进行融合，"概括了当时自然科学的优秀成果，继承和发展了自古以来的先进哲学思想，抛弃了唯心主义和宗教神学，从而超越了古代朴

① 中共中央马克思恩格斯列宁斯大林著作编译局编《马克思恩格斯选集》第 2 卷，人民出版社，2012，第 2 页。

素唯物主义和 17 世纪的唯物主义，成为近代唯物主义哲学发展的高峰、唯物主义发展历史上一个重要的里程碑”[①]。

正如列宁所说：“没有革命的理论也就不可能有革命的行动。”[②]法国启蒙运动就是即将到来的资产阶级夺取政权的先声。这其中最主要的代表为伏尔泰、孟德斯鸠和卢梭。

1. 伏尔泰

作为法国启蒙运动的代表人物，伏尔泰的研究领域涉猎非常广泛，他爱好诗歌创作、歌剧写作、历史文化以及自然科学，是一位百科全书式的人物。知识的丰富、学识的渊博，为伏尔泰哲学思想以及哲学思维方式的发展奠定了良好的基础。其著作主要有《哲学通信》《形而上学论》等。其思想主要包括以下几个方面。

第一，宇宙是一架巨大的机器。

伏尔泰的哲学思想深受牛顿的影响。在他流亡英国的两年时间里，他曾经对英国的政治、经济、文化做过深入了解。他认为：“我们都是牛顿的学生，我感谢他独自发现和证实宇宙的真实体系。”[③]牛顿是近代科学革命的发端者，一位英国学者这样评价牛顿，“上帝”创造了世界，而牛顿发现了“上帝”创造世界的方法。牛顿的万有引力定律以一种前所未有的科学精神，解答了一直以来困扰人类的诸多问题。“伏尔泰认为，牛顿以万有引力规律证实宇宙是一架巨大的机器，如果制造一架良好的机器需要良好的机器匠，那么宇宙这架无比奇妙的机器也就需要极好的机器匠才能把它制造出来，这个机器匠就是‘上帝’。‘上帝’创造了世界，制定了宇宙的规律，并给宇宙第一推动力。”[④]

---

① 全增嘏主编《西方哲学史》，上海人民出版社，1983，第 664 页。

② 中央编译局编《列宁全集》，人民出版社，1986，第 336 页。

③ 伏尔泰：《哲学通信》，上海人民出版社，1961，第 225 页。

④ 全增嘏主编《西方哲学史》，上海人民出版社，1983，第 664 页。

尽管伏尔泰认为是“上帝”创造了世界，可他所说的“上帝”不同于天主教所崇拜的偶像，而是一个自然神，“上帝”的作用在于给这个世界第一次推动力。伏尔泰的思想带有非常明显的机械唯物主义的特点。受当时自然科学发展的影响，人们把自然科学的成果应用到哲学领域，机械唯物主义就是在这样的背景下产生的。

第二，宗教是理性的敌人。

作为新兴资产阶级的代言人，伏尔泰对于封建专制制度予以无情批判。他认为，正是封建专制制度阻碍了人们的自由、平等。同时，伏尔泰把天主教会作为封建专制制度的精神支柱予以批判。因为在天主教看来，教皇即是天下的主人，他主宰着人们的喜怒哀乐。伏尔泰认为，人天生并没有神的观念，天主教是建立在人们的无知与僧侣的欺骗基础上的，是最下流的诬赖编造出来的最卑鄙的谎言，目的就是愚昧和统治群众。作为启蒙运动的代言人，伏尔泰主张用理性的目光审视“上帝”的存在，审视人们曾经以为最正确的事情，宗教信仰与人的理性格格不入，是压抑人们理性的大敌。他痛骂教皇以及大主教是卑鄙的流氓、社会败类，要求人们用自己的方式同天主教做斗争。

“伏尔泰在法国最先宣传牛顿和洛克的先进思想，尖锐地揭露和批判天主教，促进唯物主义和无神论思想的发展，为18世纪法国启蒙运动作出了重大贡献，从而也获得了很高的声誉”①。

2. 孟德斯鸠

孟德斯鸠出身于法国的贵族家庭，受过良好的教育。1716年，他承袭了家族中的议长职位，并且承袭“孟德斯鸠”男爵称号。在担任议长期间，他有机会接触到来自法国社会各个阶层的人员，感受到民间疾苦以及封建专制制度对人民的迫害，终于辞去议长职位，迁居巴黎，专门著书立说，宣传资产阶级启蒙思想。

---

① 全增嘏主编《西方哲学史》，上海人民出版社，1983，第674页。

主要著作有《论法的精神》《波斯人信札》等。

第一，对封建教会的批判。

资产阶级启蒙运动的目的就是推翻封建君主专制制度，在当时的法国，封建君主享有无上的权利，在这种国家，法律的存在几乎没有任何意义，君主的意志就是法律。他指出："专制政体的原则是恐怖。"[①]"君主、廷臣以及若干个别人士，占有全部财产，同时别的人却全体呻吟在极度贫困中。"[②]与伏尔泰一样，孟德斯鸠也将批判的矛头对准天主教会，认为天主教会是导致整个社会问题的元凶。

第二，三权分立思想。

为了防止新兴的资本主义国家走上类似于封建社会那样的专制之路，孟德斯鸠提出了比较成熟的"三权分立"思想。洛克的分权说是孟德斯鸠三权分立思想的基础。他认为，任何一个国家都有三项权利，分别是立法权、行政权以及司法权。对于封建专制国家来讲，这三项权利都是属于君主的。而在正常的民主社会里，这三项权利应该分属于不同的权力机构。孟德斯鸠坚持："在一个自由的国家里，立法权应该由人民集体享有，应属于人民代议机关，国王则是行政权的执行者，法院是司法机关，国家的三项权利既彼此独立又相互牵制。"[③]

分权与制衡的思想在欧洲由来已久。柏拉图时期就已经有比较成熟的分权思想，这种政治思想建立的核心是人性的恶。柏拉图认为人性本恶，把权利交给人就会导致更恶，可是权利又必须由人来行使，把权利分开让其互相制衡应该是最有效的遏制手段。美国是当今世界三权分立制度比较健全的国家。在美国，行政权力属于总统，立法权在议会手里，而最高法院则牢牢控制着司法权力。三权分

① 孟德斯鸠：《论法的精神》上册，张雁深译，商务印书馆，1961，第58页。

② 孟德斯鸠：《波斯人信札》，罗大冈译，商务印书馆，1958，第210页。

③ 全增嘏主编《西方哲学史》，上海人民出版社，1983，第680页。

立制度在一定程度上会达到预期的防止专制的效果，但权力分散也会导致政令不通，部门之间出于自己的私利，互相倾轧、不配合。

3. 卢梭

1741 年，卢梭定居巴黎，巴黎生活使他结识了当时许多先进的资产阶级知识分子，狄德罗就是他的亲密好友。卢梭天资聪颖，对于资本主义社会的观察有自己独特的视角。恩格斯称赞他的《论人类不平等的起源和基础》一书是充满辩证法思想的杰出作品。1762 年，卢梭相继发表了著名的《社会契约论》《爱弥儿》等著作，抨击封建专制制度，宣传天赋人权，抨击私有制，成为法国启蒙运动的先锋人物。

第一，对自由平等的热爱。

“自由平等”是启蒙运动标志性的符号，是反对封建专制主义的先锋。卢梭认为人生而平等，自由、平等是人类的本性，是天赋人权。对自由、平等的追求是人类一直以来前进的方向，同时也是启蒙运动的旗号。在中国，由于农耕文明的深刻影响以及商品经济的不发达，家国同构在几千年的传统社会始终顽强存在。家国同构对中国政治的影响最深远的当属君主专制政体的长期存在，人自出生以后就被安放到各自固定的位置，各安其分。这在很大程度上影响了人们对于自由与平等的向往与追求。

正如张岱年、方克立主编的《中国文化概论》一书中所指出的：“社会结构的宗法型特征，导致中国文化形成伦理型范式。这种范式所带来的正价值是使中华民族凝聚力强劲，注重道德修养，比较重视人际之间的温情，成为举世闻名的礼仪之邦；它的负价值是使三纲五常的伦理说教，‘存理灭欲’的修身养性，‘非我族类，其心必异’的盲目排外心理等成为中国文化健康发展的障碍。”同时，“中国社会结构的专制性特征，导致中国文化形成政治型范式。这种范式带来的正价值是中华民族的整体观念、国家利益至上的观念，造就了民族心理上的文化认同，文人学士的经世致用思想等；它的负价值是使国人存有严重的服从心态，对权威和权力的迷信，个人自信心的缺乏，文人的影射传统等。……宗法与专制的结合，在政治上表现为儒法合流，在文化上的反映则是伦理政治化和政治伦理化，用政治伦理秩序代替了法律秩序，政治大于法律，伦理也大于法律，因而法律意识、法律观念在中国古代很难找到立足之地”[①]。

卢梭的天赋人权是建立在自然状态基础之上的，所谓自然状态，就是除了年龄、体力、健康等因素之外，人与人之间绝没有享有损害他人的各种特权的不平等。“卢梭以自然状态说反对封建专制，他看到封建专制是践踏人的尊严的残酷制度，因此竭力恢复人的权利，论证天赋的自由平等，这在当时历史条件下是具有一定进步意义的，但在人类社会发展的过程中根本不存在所谓自然状态这个阶段，也没有脱离一切社会关系而独来独往的人”。[②]人在本质上，从出生开始，就是各种社会关系的集合体，没有人能脱离人类社会而独立存在。正如马克思所说：“平等和自由需要一定的生产关系做前提，在古代世界里还没有出现这样的生产关系，在中世纪也没有出现这样的生产关系。”

第二，社会契约。

卢梭的启蒙思想是建立在自然状态基础之上的，在他看来，这种自然状态虽然美好，可仍然需要改变，因为这种状态在很多时候不利于人类生存。要改变这种状态，需要人们相互协作联合。人们必须“寻求一种结合的形式，使他能够以全部共同的力量来防御和保护每个结合者的人身和财富，而同时又使每一个与全

① 张岱年、方克立主编《中国文化概论》（修订版），北京师范大学出版社，2004，第55页。
② 全增嘏主编《西方哲学史》，上海人民出版社，1983，第684页。

体相联合的个人只不过是在服从本人，并且仍然像以往一样自由”[①]。卢梭认为：“契约是人们自由协议的产物，缔结契约的每一个人都必须把自己的一切权利转让给全体，没有任何人可以例外。由于每个人都向全体奉献自己，所以每个人并没有向任何人奉献出自己。因此，人人都可以获得同样的权利。这样，人们虽然丧失了自然的平等和自由，但可以获得契约的平等和自由。”[②]

卢梭的社会契约论具有十分重要的时代意义与参考价值。法国革命中诞生的《人民和公民权宣言》，部分条文都直接或间接地体现和反映了《社会契约论》的思想。另外，社会契约思想漂洋过海到达美国，对于美国政治体制的建设产生深远影响，在美国历史上具有划时代意义的《独立宣言》就有契约论的影子。卢梭的思想对于中国近代思想启蒙也有影响，梁启超最早将其思想引入中国，对于近现代中国的启蒙运动包括五四运动都产生了积极影响。

第三，对私有制的批判。

卢梭痛恨私有制。在他看来，正是因为有了私有制，才破坏了人类比较自由民主的自然状态而不得不过渡到文明社会。私有制激发了人们心目中的恶念，人与人之间出现了嫉妒与陷害。根据卢梭的分析，人类社会的不平等一共历经三个阶段。第一个阶段是穷人与富人的对立。由于生产力的进步，原始社会末期开始出现剩余产品，氏族部落首领破坏了原有的平均制度，将剩余财产据为己有。这样就逐渐导致财富分配不均，贫富差距开始出现。第二个阶段是出现了国家与法律。既得利益集团利用手中的权力，将自己已经获得的财富和社会地位用国家意志以法律的形式固定下来。按照马克思主义唯物史观的观点，国家不是从来就有的，是生产力发展到一定阶段的必然产物。国家是社会历史的产物，是阶级压迫

① 卢梭：《社会契约论》，商务印书馆，1963，第20页。

② 全增嘏主编《西方哲学史》，上海人民出版社，1983，第689页。

的工具。第三个阶段就是政府权力的异化。为了维护君主的权利，各个国家都加强了君主专制制度。中国有两千多年的封建社会，在这样的社会形态中，君主是国家的主人，其家族控制着这个国家的一切，包括权利、疆域以及财富。普通百姓只能沦为专制统治的工具和奴隶，被剥夺了几乎一切权利。这种失去了民主与自由的政府之所以存在，就是由于国家暴力机关的支持。每个国家都有自己的暴力机关，诸如军队、警察、监狱，共同保卫国家政权。在卢梭看来，这种政权是不正常的，必须用武力去推翻。

卢梭用理论证明用暴力推翻封建专制政权的必然性。“以扼杀或废除暴君为结局的那种暴动，较诸暴君昨天用以处置其臣民的生命、财产的那些行为，同样是合法的行为。暴力支持它，暴力也推翻它。一切事物都是这样按照自然秩序前进的。”[①]

---

① 卢梭：《人类不平等的起源和基础》，三联出版社，1957，第87页。

第四章　儒家思想的哲学思维方式

中国哲学的成长路径不同于西方哲学，自然也就有与西方哲学迥异的气质。众所周知，近代哲学思想源于西方，在西方哲学家看来，中国几乎没有完整的哲学体系。按照牟宗三先生的观点："若以逻辑与知识论的观点来看中国哲学，那么中国哲学根本没有这些，至少可以说贫乏极了。若以此断定中国没有哲学，那是自己太狭陋。"[①]近代以来，科学与哲学精神多出于西方；且自明朝中晚期之后中国的生产力水平逐年下降，已经远远落后于西方。在此背景下，很多西方哲学家坚持哲学就是西方哲学，哲学的发展希望、前途在西方。这是一种非常典型的西方文化中心主义。梯利的著作冠名《哲学史》，其实讲的都是西方哲学，他认为："东方民族如印度人、埃及人和中国人的理论，主要是神话和伦理学说，而不是纯粹的思想体系，这种理论同诗和信仰交织在一起。古代民族中很少有远远超出神话阶段的，除去希腊人以外，或许没有一个古代民族可以说创制了真正的哲学。"[②]

在今天看来，每个民族都有自己源远流长的历史，也有自己古老丰富的哲学思想，只是民族气质不同、发展路径不同，哲学的研究重点有所不同。"西方哲学在逻辑学、形而上学和知识论方面多有建树，而东方智慧则在个人修为和道德实践方面更胜一筹。"[③]当然，并不是所有的哲学家都有不正确的西方中心论思想，

① 牟宗三：《中国哲学的特质》，上海古籍出版社，2007，第3页。
② 梯利：《西方哲学史》，葛力译，商务印书馆，1995，第3页。
③ 李超杰：《哲学的精神》，商务印书馆，2018，第5页。

早在300年前，莱布尼茨就这样评价东西方哲学："在思考的缜密和理性的思辨方面，显然我们要略胜一筹，因为不论是逻辑学、形而上学还是对非物质事物的认识，即在那些有充足理由视之为属于我们的科学方面，我们通过知性从质料中抽象出来的思维形式，即数学方面，显然比他们出色很多。在实践哲学方面，即在生活于人类实际方面的伦理以及治国学说方面，我们实在是相形见绌了。"①

当然，两种不同的哲学发展风格带来的区别是显而易见的，西方哲学更重视科学精神，这就能够解释为什么近代科学的中心一直在西方。但这种思维方式过度强调征服与主客二分，最终造成人与自然的对立与隔膜。中国哲学最注重自身的内省以及与外界的和谐共处，天人合一、自然无为。反观今天的世界，科学技术迅猛发展，但随之而来的是人们压力的不断增长，对社会的失望与抱怨，对自身的不满意以及人与人之间关系的冷漠，让人们将研究兴趣转向中国哲学。相对于西方哲学的棱角分明，中国哲学温润如玉、外圆内方，如谦谦君子，更如智慧老者，强调人与人、人与自然的和谐相处，注重自身的道德修养与素质养成。由此看来，文明没有高低优劣之分，相互借鉴、互相包容才是世界哲学发展的正确路径。

春秋得名于鲁国的编年史《春秋》，相传是孔子所作，但目前没有定论；战国得名于西汉刘向所编注的《战国策》。春秋战国时期是中国历史上诸侯争霸、时局动乱的时期，也恰恰是在这个时期，中国思想史上的百家争鸣出现了，一批先进的知识分子从各自的立场出发，创造出了儒家、道家、法家、阴阳家纵横家等思想学说，被历史学家认为是中国文明发展的第一个黄金时期。一般来说，"儒家思想以鲁国之历史背景为依据，于四派之中最富地域色彩，法家对七雄之当前需要而立说，最富于时间意义。道家为我，超越时空。墨家承认封建之政治而攻击宗

① 夏瑞春：《德国思想家论中国》，商务印书馆，1995，第3页。

法之阶级，徘徊于新旧之间而两无所可，宜其不得致用于当世，不久而师传竟绝。以视儒为两千年中帝王之学，道为衰国苛政永久之抗议，法亦助秦统一，开此后专制政体之新局，其成败诚不可同日而语矣”[①]。

一、儒家思想产生的基础

唯物史观主张社会存在决定社会意识，社会存在的变化首先会反映在社会意识领域。任何伟大的思想都必然是时代的产物，它反映时代的要求与特点，同时也深受时代的影响。“春秋战国时期的文化辉煌，最根本的是由于社会大变革为各个阶级、集团的思想家们发表自己的主张，进行百家争鸣提供了历史舞台，同时它也有赖于多种因素的契合。”[②]百家争鸣产生的基础很大程度上就是儒家思想产生的基础。

1. 生产力的发展

在马克思主义看来，推动人类社会进步的动力主要来源于矛盾，即生产力与生产关系、经济基础与上层建筑之间的矛盾，只要存在着人和人类社会，这两对矛盾就会重复起作用。在这两对矛盾中，生产力是最活跃、最根本的因素，生产力的发展首先带来生产关系的变化，随之而来的就是经济基础与上层建筑的连锁变化。人类社会的任何发展都可以从生产力中找到最根本的源头，“百家争鸣”作为上层建筑中的意识形态，其产生、繁荣也离不开生产力的发展。

春秋战国时期的生产力发展主要表现在以下几个方面。

第一，铁制工具的发明及其在生产中的广泛使用。

生产力主要由三个组成要素：劳动资料、劳动对象以及劳动者。其中，劳动

---

① 萧公权：《中国政治思想史》，商务印书馆，2015，第43页。

② 张岱年、方克立主编《中国文化概论》，北京师范大学出版社，2004，第64页。

资料即劳动手段，“它是人们在劳动过程中所运用的物质资料或物质条件，其中最重要的是生产工具，人们解决社会同自然矛盾的实际能力如何，主要取决于生产工具的质量和数量，生产工具是区分社会经济时代的客观依据”①。马克思非常重视生产工具在人类社会发展中的作用，他认为：“各种经济时代的区别，不在于生产什么，而在于怎样生产，用什么劳动资料生产。”②

在人类社会发展的历史过程中，生产工具被习惯性地作为时代的分水岭。在原始社会，生产力水平比较低，当时的生产工具主要是各种石器，史称“石器时代”。在“石器时代”末期，逐渐出现了青铜器，青铜器的发明使用是人类进入奴隶社会的重要原因，在中国，商周时期的青铜器在今天的博物馆里熠熠生辉，依旧令后人叹为观止。英国之所以成为最早完成资产阶级革命的国家，最主要的原因就在于在生产领域里，蒸汽机取代了封建社会的手工生产方式。正是由于生产工具的改进，英国的政治、经济、科学水平得以迅猛发展，殖民地扩展到全球，成为当时风光无限的日不落帝国。人类历史上有过三次科技革命，蒸汽机的发明使用成就了日不落的英帝国，而电的发明和使用使德国、美国迅速崛起为世界强国，以计算机、海洋技术为核心的第三次科技革命方兴未艾，这同时也是目前国与国之间竞争的核心问题。

在中国，奴隶社会末期，伴随着铁制工具的发明和使用，生产力水平有了长足的进步，人类得以逐步迈入农耕文明时代，封建社会正式开始。春秋末期，铁制工具开始在中国出现；战国初期，铁制工具使用范围进一步扩大，加之牛耕技术的出现，农业的精耕细作成为可能，生产力得以进一步发展。

---

① 《马克思主义基本原理概论》编写组编《马克思主义基本原理概论（2015 年修订版）》，高等教育出版社，2015，第 111 页。

② 中共中央马克思恩格斯列宁斯大林著作编译局编《马克思恩格斯选集》第 2 卷，人民出版社，2012，第 172 页。

畜力和铁器的结合，为精耕细作提供了条件，促进了小农经济的发展。中国长达两千年的封建社会，基础就是小农经济。小农经济以一家一户为生产经营单位，男耕女织，农民被固定在土地上，流动性不强。正是这种相对稳定的耕作模式，造就了中国人几千年超稳定的思想结构。秦始皇统一中国之后，历朝历代更是把重农固本作为统治思想的核心。士、农、工、商的排序，耕读之乐的人生追求，也足见农业在中国古代的优势地位。由于农业生产的状况直接关系百姓的生计和国家的兴衰存亡，因此历代统治者都把发展农业作为大事来抓，努力督促和组织农业生产。农业在社会经济中越来越占重要的地位，我国古代的重农思想也日益发展起来，到西汉时期已形成较为完整的体系。直至公元 16 世纪前后，这种传统的农耕文明在中国依然占据统治地位，当时中国的农耕文化在世界依然居于领先地位。直至今日，农业、农村、农民依旧是中国经济发展绕不过去的问题。由此，自然经济、农耕文明也就成为中国传统文化成长的经济土壤。"辩证地来看，这种农耕文明的自然经济，一方面造就了中国传统文化几千年持续发展、不曾中断的血脉渊源；另一方面，正是这种农耕文明造就了中华传统文化的独特气质。"①

农耕文明对于中国人独特的思想体系有着极为深远的影响，在这其中，"农耕文明带来的贵和尚中气质，充分肯定事物是多样性的统一，主张以广阔的胸襟、海纳百川的气概，容纳不同意见。在文化价值观方面，认为在主导思想的规范下，不同派别、不同类型、不同民族之间思想文化交相渗透，兼容并包，多样统一"②。

---

① 吴延芝、孙晓华：《中华传统文化教程》，山东大学出版社，2019，第 77 页。
② 吴延芝、孙晓华：《中华传统文化教程》，山东大学出版社，2019，第 79 页。

第二，各种水利设施的兴建。

农耕文明，需要与之配套的水利设施。春秋战国时期各个诸侯国都非常重视农业生产，因为只有稳定的农业才会带来源源不断的粮食，政治统治才会更加牢固。为此实行各种发展农业的措施，这其中就包括兴修水利工程。在这些水利工程中，最著名的当属李冰父子在岷江上修建的都江堰。都江堰修建的本来目的是战略和防洪需要，竟成就了世界水利史上的典范。号称天府之国的成都平原，在春秋战国以前是一个水旱灾害非常严重的地区，每逢灾年，民不聊生。都江堰的修建使川西平原变成千里沃野，以不破坏自然资源、充分利用自然资源为人类服务为前提，变害为利，使人、地、水三者高度协调统一，是全世界迄今为止仅存的一项伟大的生态工程，它开创了中国古代水利史上的新纪元，标志着中国水利史进入了一个新阶段，在世界水利史上写下了光辉的一章。都江堰水利工程是中国古代人民智慧的结晶，是中华文化划时代的杰作，更是古代水利工程沿用至今的奇观。与之兴建时间大致相同的古埃及和古巴比伦的灌溉系统，以及中国陕西的郑国渠和广西的灵渠，都因时间的推移，或湮没，或失效，唯有都江堰独树一帜，至今还滋润着天府之国的万顷良田。

伴随着铁制工具的使用、牛耕技术的推广，以及各种水利工程的修建，以农耕为基础的中华文明体系开始逐渐形成。李泽厚认为："以农业为基础的中国新石器时代大概延续极长，氏族社会的组织结构发展得十分充分和牢固，产生在这基础上的文明发达得很早，血缘亲属纽带极为稳定和强大，没有为如航海（希腊）、游牧或其他因素所削弱或冲击。虽然进入阶级社会，经历了各种经济政治制度的变迁，但以血缘宗法纽带为特色、农业家庭小生产为基础的社会生活和社会结构却很少变动。古老的氏族传统的遗风余俗、观念习惯长期保存、积累下来，成为一种极为强固的文化结构和心理力量。”[①]

以一家一户为单位的生产模式被固定下来，原先的奴隶制生产方式逐步瓦解，农耕文明最重要的基础——土地，逐渐从原先的国君、贵族手中转移到新兴地主阶级手中。在逐渐控制了土地这种最重要的生产资料之后，地主阶级在政治上也开始了争取话语权的斗争，社会形态也从奴隶社会过渡到封建社会。

2. “士”新兴阶层的崛起

第一，“士”新兴阶层崛起的历史背景。

“士”作为新兴阶层，其崛起与当时的生产力发展有着莫大的关系。随着农耕文明的进一步发展，原先的奴隶主贵族逐渐失去对土地的控制权，阶级统治的基础——井田制逐步瓦解，取而代之的是一家一户的小农生产模式。在这种情况下，原先的宗法制度开始动摇，阶级秩序随之变动，原先社会地位比较低下的地主阶级开始控制国家政权，附属于地主阶级的知识分子，也积极从各个方面鼓吹封建制度的积极合理性，为封建制度取代奴隶制度提供文化支持。“士”阶层本属于奴隶主贵族下层，受过军事、文化等各方面的教育，具有政治、经济、文化等不同方面的才能。春秋战国社会为他们提供了广阔的活动空间。各国国君为了争霸、巩固政权，急罗文武人才，社会上兴起“礼贤下士”的风气。崛起的士阶层当中，“学士”一类构成了百家争鸣的主体，如儒、墨、道、法等，他们提出各自的政治主张，形成争鸣之势。

夏商时期，所有成年男子统称为“士”。随着时代发展，西周时期，“士”演化为具有一定身份地位的男子。春秋早期，“士”逐渐成为大夫与庶人之间的特殊阶层，这个阶层虽然不用直接从事体力劳动，但在贵族阶层中属于最低级。春秋战国之际，社会动荡，原有的社会秩序遭受冲击，社会阶级、阶层之间流动频繁，

① 李泽厚：《中国古代思想史论》，生活·读书·新知三联书店，2017，第278页。

很多上层贵族失去原有地位，也有很多下层庶民地位上升，位于其间的“士”人数不断增加，并逐步形成一个庞大的“士”阶层。据范文澜先生考据，“春秋时代养士的风气已经逐渐形成，末年更甚，到战国，山东各国争着养士，士的数量大大增加。士要求优裕的生活，却看不起劳动食力。他们投奔富贵人门下，不仅得衣食，而且得好衣食，得车马，得养活全家。他们不做工而得食，照孟子的话说，有学问的人是应该受养的。富贵者之所以如此爱士，原因就在于士能替主人出计策，能替主人显扬名声，巩固他的地位。如果待士不好，他能投到仇敌方来作对。例如，商鞅、张仪、甘茂、范雎、蔡泽、李斯，全是山东失意的策士，入关助秦灭亡六国”[①]。

作为百家争鸣的主体，“士处在社会中间阶层，看不起老农老圃，当然不愿意吃苦劳动，但贵族阶层里又没有士的地位，士很少有机会取得大官，因此他们憎恶世卿把持，要求登进贤才，唯一希望是做官食禄，最好得做国君的宰相，周公相成王，是他们理想的幸运。如果做不到，替世卿当家臣也可以，孔子正是这个阶层的代表”[②]。尊贤纳士的社会风气、自由流动的人才体系、士农工商的群体划分，是“士”阶层崛起的重要原因。

第二，“士”阶层的代表。

作为奴隶社会末期的新兴阶层，“士”主要是处于中间阶层的知识分子。他们中的很多人，是“百家争鸣”的核心人物，其思想对于中华文明有非常重要的影响。孔子、商鞅、张仪、甘茂、范雎、蔡泽、李斯是其中的佼佼者。

孔子：游学传道群体。

孔子祖上曾经是宋国的贵族，到孔子时期家族早已经没落。司马迁在《史

---

① 范文澜、蔡美彪：《中国通史简编》，北京联合出版公司，2020，第 56 页。

② 范文澜、蔡美彪：《中国通史简编》，北京联合出版公司，2020，第 77 页。

记·孔子世家》中这样描述孔子生平："孔子生鲁昌平乡陬邑。其先宋人也，曰孔防叔。防叔生伯夏，伯夏生叔梁纥。纥与颜氏女野合而生孔子，祷于尼丘得孔子。鲁襄公二十二年而孔子生。生而首上圩顶，故因名曰丘云。字仲尼，姓孔氏。"[①]《论语·子罕》记载："太宰问于子贡曰：'夫子圣者与？何其多能也？'子贡曰：'固天纵之将圣，又多能也。'子闻之，曰：'太宰知我乎？吾少也贱，故多能鄙事。君子多乎哉？不多也。'"正因为小时候的生活很贫贱，年少的孔子才学会了很多生存的技能。

"作为中国五千年历史文化中承前启后第一人，孔子是对中国历史文化及民族精神的形成影响深远的文化巨人。作为中华文化的源头之一，孔子被尊称为'万世师表''至圣先师'，其首创的'己所不欲，勿施于人'已经成为当今世人交往普遍认可的规则。"[②]

商鞅：掌控政权群体。

据《史记》记载："商君者，卫之诸庶孽公子也，名鞅，姓公孙氏，其祖本姬姓也。"[③]"商鞅，是一位杰出的政治家、思想家和军事家，更是战国时期乃至于中国历史上卓越的改革家。他所擅长、精通的是'强国之术'，他在秦国行其道，使秦国迅速强大起来，在商鞅治理下的秦国，从一个落后的国家变成了一个举足轻重的大国，东方六国谁也不敢再轻视它了。那时，中国的太阳正从西方升起，统一的希望已经在西部的秦国初露曙光。商鞅的目的就是通过运用政治权力以谋求国富兵强，商鞅用权谋霸，成其所想。他的一生，称得上是权霸人生。"[④]

商鞅在秦国的变法，不仅成就了秦国一统国家的霸业，也成就了商鞅在中国

---

① 司马迁：《史记》，上海古籍出版社，2016，第1394页。
② 吴延芝、孙晓华：《中华传统文化教程》，山东大学出版社，2019，第88页。
③ 司马迁：《史记》，上海古籍出版社，2016，第1667页。
④ 吴延芝、孙晓华：《中华传统文化教程》，山东大学出版社，2019，第122页。

历史上的地位，他是中国历史上因为变法而毁誉参半、褒贬不一的人。在今天，如果认真审视商鞅变法的原因、内容，我们就会发现，商鞅代表的正是那些饱受奴隶贵族压制、努力崛起的士阶层的利益。他的变法措施主要包括以下几点：承认土地私有并且允许自由买卖，这就从土地这个根本上瓦解了奴隶主阶级存在的基础。奖励耕战包括奖励耕织和奖励军功两个方面。在耕织方面，鼓励一家一户的小农生产，只要努力生产，粮食布匹超过一定数量的免去徭役。军事上，按照军功大小论功行赏，分别赐予不同等级的爵位与土地，凡是没有军功的贵族就没有爵位。这些改革措施一方面加强了秦军的战斗力，另一方面削弱了奴隶主贵族的特权。

李斯：游说策士群体。

年少时的李斯颇不得志，仅仅是一位掌管文书、无足轻重的小吏，属于最底层的“士”。为了实现飞黄腾达的梦想，李斯毅然辞职，到齐国师从荀子，学习帝王之术。在受到秦王的重用之后，他以卓越的政治才能和远见，辅助秦王完成了统一六国的大业，正式奠定了统一的多民族国家的基础。李斯最终也实现了那个时代 “士”的最高梦想，辅佐皇帝，建立功勋。秦朝统一六国之后，李斯继续担任宰相，他建议秦始皇废除分封制，实行郡县制，又提出了统一文字的建议。其创立的小篆、隶书，对于中华文明的大一统具有不可磨灭的历史功勋。

李斯是法家思想的代言人，也是当时“士”阶层中比较成功的典范。李斯的成功，代表着那个时代“士”阶层的崛起，而李斯的人生悲剧，也是那个时代生活在庶民与贵族中间的“士”阶层的悲剧。他们对于成功、对于封侯拜相有着近乎偏执的执着，一生的目的都在于此。成则全家辉煌，败则全家受牵连。李斯因为与权臣赵高的恩怨而被腰斩，留下著名的黄犬之叹。《史记》中这样记述李斯：“李斯以闾阎历诸侯，入事秦，因以瑕衅，以辅始皇，卒成帝业，斯为三公，可谓尊用矣。斯知《六艺》之归，不务明政以补主上之缺，持爵禄之重，阿顺苟合，严威酷刑，听高邪说，废适立庶。诸侯已畔，斯乃欲谏争，不亦末乎！人皆以斯极忠而被五刑死，察其本，乃与俗议之异。不然，斯之功且与周、召列矣。”[①]

第三，“士”阶层的历史作用。

士本是贵族末流，随着诸侯国之间兼并战争的加剧，士的社会地位发生了巨大变化，他们把本由王官掌握的学术思想带到庶民中间，起到了发扬学术、普及知识、培育人才的巨大作用。当然，“士”并不是只有醉心于学术教育一途，他们更是在乱世积极奔走，不仅自身渴望一展抱负，建功立业，更是各诸侯国君主积极争取的对象，对于改变各诸侯国的强弱形势发挥了巨大作用。

“士”阶层的历史作用主要包括两点。首先，促进了人才的流动性。由于“士”阶层超强的流动性，权贵政要之间“争贤”风气日盛。一定程度上来说，门下“士”的数量、质量直接影响到统治的稳定性，战国时期的魏文侯首开养“士”风气，在其周围集聚着诸如吴起、西门豹、乐羊等人才，在这些“士”的鼎力相助之下，魏国迅速成为当时最强大的国家之一，奠定了强大魏国的基础。司马迁在《史记·儒林列传》中这样记载：“如田子方、段干木、吴起、禽滑厘之属，皆受业于子夏之伦。”[②]苏秦曾经游说六国并担任六国国相，同时佩戴六国相印，人才流动性不亚于今日。其次，“士”在人格上是独立的。在政治上“士”附庸于某个国家或者某位诸侯，但他们有着自己的独立人格。所谓“士为知己者死”。“士”拥有相当大的个人空间，并且他们的言论和自由得到官方的认同。这些“士”可以毫无顾虑地交流思想，相互争鸣，抒发他们的个人主张。这些来齐之“士”的政治抱负和思想得到了充分保证，稷下学宫一度成为当时的社会文化中心。齐国

① 司马迁：《史记》，上海古籍出版社，2016，第 1944 页。

② 司马迁：《史记》，上海古籍出版社，2016，第 2386 页。

这种特殊尊“士”、养“士”的行为，成为战国时期的典范。孟尝君“宾客日进，名声闻于诸侯”；信陵君礼贤下士，传为佳话；吕不韦效仿四公子，“亦招致士，厚遇之，至食客三千”。因此，春秋战国的这种养“士”之风，不仅极大地改善了士人与统治者、上层贵族之间的关系，而且使当时整个社会开始重视知识、重视人才，人才的流动性和活跃性增强。

3. 教育下沉的需求

奴隶社会时期，教育权与受教育权都在官府手里。“学在官府”，奴隶主贵族垄断了科学文化知识，普通百姓根本没有受教育的权利和资格。战国时期，奴隶主阶级政权日渐衰微，原来附属于官府的文人流散民间，而新兴地主阶级政治地位比较低下，受教育的需求旺盛，在这种情况下，“私学”开始兴起，彻底打破了原先“学在官府”的垄断格局，教育出现下沉趋势。

这种下沉趋势可以从两个方面理解。首先，教育者身份的下沉。到目前为止，人们普遍认为学校大约产生于奴隶社会初期。在我国，严格意义上的学校产生于夏朝。夏朝已有“庠”“序”“校”三种教育机构。“庠”是兼施养老与教育的机构，“序”具有明显武士教育的特点，“校”则已是一种比较完备的军体性的教育机构。到了商朝又增加了“学”和“瞽宗”。“学”包含了学校教育的基本特征，即有一定的场所，有一定的学习内容和教与学的活动，标志着我国学校教育的成型。“瞽宗”是传授礼乐、造就士子的专门机构。到西周已有比较完备的学校教育体制，包括“成均”“上庠”“辟雍”“东序”“瞽宗”“泮宫”在内的大学和小学，以及“塾”“庠”“序”“校”等国学和乡学的两级学校。在这些学校，教育模式是“以吏为师”。“士”的出现，标志着教师身份已经从各级官吏转移到“士”身上。其次，学生身份的下沉。在“以吏为师”的年代，只有贵族子弟才有受教育的权利，普通民众被剥夺了受教育的权利。“私学”办学的宗旨是“有教无类”，孔子的三千弟子就来自社会各阶层。“有教无类的思想出自《论语·卫灵公》，意即对不同类别的人都施以教育。在孔子的众多弟子中，有贵族，有手工业者，也有农民；有冉有、子贡等富者，也有颜渊、原思等贫者；有聪明者，也有愚钝者。对被教育者不分贫富贵贱、聪明愚钝，只要有志于学习，便一律加以教诲，体现的正是孔子的博爱情怀，也是孔子仁学思想在教育领域的具体落实。孔子之所以被称为中国古代最伟大的教育家，与他提出有教无类的原则并切实履行有很大的关系。”①

另外，周平王迁都之后，周王朝国力日渐衰微，逐渐失去了对各个诸侯国实际的控制能力，政治领域内主要表现为政治格局多元化，各诸侯国没有一种统一的思想。各诸侯国都急需“救世之方”，各国君主也出于不同的政治目的，要求多种学术思想为自己的政治服务，多种学派也就应运而生。齐国的稷下学宫就是当时“士”集聚的地方，他们在那里各抒己见、互相争辩，勾勒自己救国救民的理想抱负。稷下学宫是世界上最早的官办智库与高等学府，荀子、孟子、淳于髡、邹子等人都曾汇集于此，齐国政府为这些文人提供了优越的生活条件与宽松的政治氛围，无论年龄、资历、学派、政治信仰，都可以在稷下学宫各抒己见。宽松优越的环境对于稷下学宫的发展起到促进作用，吸引的人才越来越多，稷下学宫成为“百家争鸣”文化繁荣现象得以产生的基础。

以上种种机缘汇聚在一起，互相促进，共同奠定了百家争鸣的中华文明黄金发展时期，共同奠定了中华文明发展的主基调。“所谓百家，当然只是诸子蜂起、学派林立的文化现象的一种概说，西汉司马谈将诸子概括为阴阳、儒、墨、名、法、道德六家，并区别所从言之异路，予以评论。西汉刘歆又将诸子概括为儒、墨、道、名、法、阴阳、农、纵横、杂、小说十家，从学术源流、基本思想等方

① 吴延芝、孙晓华：《中华传统文化教程》，山东大学出版社，2019，第156页。

面详为论述，由于诸子百家多肇衍于战国间，故又有战国诸子之说”。[①]

二、儒家哲学思维方式的特点

按照张岱年先生的解读，“儒家精神是一种极高明而道中庸的精神，也就是伟大寓于平凡、理想寓于现实的精神，就是说，我们要有道德勇气，有强烈的正义感，敢于担当道义，甚至不惜杀身成仁。但在平常的生活中，我们不必做什么惊天动地的事情，在现世伦常的义务中，在某种社会角色和社会位置上，我们每个人都可以非常崇高地生活，忠于职守，勤劳奋发，不苟且，不偷惰。儒家认为，人存在的价值，就在于成就道德人格。只要挺立了道德自我，以良知作主宰，我们就能超越世间各种境遇，超越本能欲望，以超越的精神，干日常的事业”[②]。

在这一时期，以孔子为代表的儒家思想产生，它宣扬“仁政、爱人”。“以仁为学说核心，以中庸辩证为思想方法，重血亲人伦，重现世事功，重实践理性，重道德修养。守旧而又维新，复古而又开明，这样一种二重性的立场，使得儒家学说能够在维护礼教纲常的前提下，一手伸向过去，一手指向未来，在正在消逝的贵族分封制礼法社会和方兴的封建大一统宗法社会之间架起桥梁。汉代以后，儒学几经变化，礼教德治的精神始终一贯，从而成为中国传统文化的正宗。”[③]

儒家思想作为中华文明的主流和正宗，已经深入每个中国人的血脉，成为须臾不可分离的精神源泉。相应的，其哲学思维方式也成为华夏文明的宝贵精神财富，值得一代代中华儿女学习、继承、发展。对于大学生而言，学习、践行儒家优秀的哲学思维方式，推陈出新、辩证发展是对待儒家的正确态度。

---

① 张岱年、方克立主编《中国文化概论》，北京师范大学出版社，2004，第 65 页。
② 张岱年、方克立主编《中国文化概论》，北京师范大学出版社，2004，第 247 页。
③ 张岱年、方克立主编《中国文化概论》，北京师范大学出版社，2004，第 66 页。

在博大精深的儒家哲学思维方式中，我们选取宇宙论、人生论以及认识论三部分进行论述。

1. 宇宙论

宇宙论与本体论既有区别又有联系。“宇宙论从字面上看就是关于宇宙的论述，研究对象是宇宙，是对宇宙的起源和结构等的研究；本体论从字面上看是关于本体的论述，在我国的古代哲学中，本体论是指研究天地万物的产生、存在、变化发展根本原因、根本依据的学说。”①

在中国，“宇宙”概念出自战国末期的《尸子》：“上下四方曰宇，往古来今曰宙。”②各个时代的儒者对于宇宙问题都有自己的论述。

第一，孔子：人格之天向自然之天的过渡。

“天”在古人眼里有四种属性：自然之天、宗教之天、政治之天以及伦理之天。最初，“天”具有比较浓厚的宗教色彩。孔子逐渐淡化了其神性意义，更注重“天”的自然属性。在孔子那里，“天”是统摄一切、神奇莫测、其大无穷的神秘实体。“天何言哉？四时行焉，百物生焉。天何言哉？”③孔子认为：天虽然无言，可是四季轮回、万物生长都离不开它的润泽，天是世界一切的主宰。张岱年认为：“孔子所谓天，是从当时传统信仰中取来的，而其意谓则已有所改变。传统信仰中所谓天，是有人格的‘上帝’，孔子怀疑鬼神，而有人格的‘上帝’，实亦在怀疑之列。孔子所谓天，其实就是指高高在上的苍苍之天，认为此苍苍之天即生成一切统治一切的最高主宰。一切皆此天之所生，此天对于一切有宰制能力，而此最高主宰之天，并无具体人格。孔子的天之观念，可以说是由‘上帝’之天到自

① 史少博：《〈周易〉的“宇宙论”和“本体论”》，《东方论坛》2020 年 8 月。

② 张岱年：《中国哲学大纲》，商务印书馆，2017，第 56 页。

③ 冯国超译注《论语》，商务印书馆，2018，第 479 页。

然之天的过渡。”[①]很明显，相较于孔子的自然之天，西方人语境中的“天”更多地具有人格与宗教色彩。

第二，孟子：天的道德含义。

相对于孔子而言，孟子更强调天的道德含义。“舜发于畎亩之中，传说举于版筑之中，胶鬲举于鱼盐之中，管夷吾举于士，孙叔敖举于海，百里奚举于市。故天将降大任于斯人也，必先苦其心志，劳其筋骨，饿其体肤，空乏其身，行拂乱其所为，所以动心忍性，曾益其所不能。”[②]“鱼，我所欲也；熊掌，亦我所欲也。二者不可得兼，舍鱼而取熊掌者也。生，亦我所欲也；义，亦我所欲也。二者不可得兼，舍生而取义者也。”[③]在孟子那里，“天”更多地被赋予了道德意蕴，“天”在中国人思想中的地位逐渐清晰起来，沿着宗教之天—自然之天—伦理之天的路线，“极大地突出了个体的人格价值及其所负的道德责任和历史使命”[④]。

第三，荀子：客观规律论。

“孟、荀都属于孔门儒学，都十分强调学习，荀子的学是为了改造人性，孟子的学是为了扩展人性。孟子首倡再由宋儒的内圣之道，与荀子再到经世致用的外王之道，恰好成为儒学中的两个并行的车轮和两条不同的路线。”[⑤]与孟子的内省之道路不同，荀子的思想带有明显的古代朴素唯物主义色彩，就如同他的“天行有常，不为尧存，不为桀亡”[⑥]，阐释了规律的客观性。

第四，董仲舒：天人感应。

“董仲舒循着汉武帝策问的路子，以天人之际，特别是天人感应思想为核心，

① 张岱年：《中国哲学大纲》，商务印书馆，2017，第 57 页。

② 方勇译注《孟子》，中华书局，2010，第 253 页。

③ 方勇译注《孟子》，中华书局，2010，第 213 页。

④ 李泽厚：《中国古代思想史论》，生活・读书・新知三联书店，2017，第 40 页。

⑤ 李泽厚：《中国古代思想史论》，生活・读书・新知三联书店，2017，第 43 页。

⑥ 张觉撰《荀子译注》，上海古籍出版社，2012，第 231 页。

阐述了天变道亦变的政治改革主张，具体提出了维护和巩固汉王朝统治三大方策：第一，君权受命于天，即把君权与神权结合为一；第二，废除秦朝的严刑峻法，改行德主刑辅、以德化民的王道之政；第三，罢黜百家，独尊儒术，实行思想上的大一统。这三条构成了一套完整的政治体制和指导思想，即意识形态体系的大纲，符合当时的时代要求，加强了以封建皇帝为代表的地主阶级中央政权。”①“天人关系是中国古代哲学最为关注的重大或根本问题。董仲舒所提出的天人感应论就是他对天人关系的回答，也是他的自然神论宇宙观的核心。它对汉代及后世的封建社会产生了极其重大和深远的影响。其主要内容是，认为天意与人事能够相互感应，天能影响人事、预示灾祥，人的行为也能感应上天。一方面，自然灾害和统治者的错误有因果联系。如果天子能够做到积功累德行善，天下归心，就会天降祥瑞；反之，如若残虐百姓，人民离散，诸侯背叛，即会招致灾异。另一方面，天人同类，认为人自身就是天的内容之一，人受命于天，天生育了万物和人。董仲舒的天与孔子不同，它不单是至上神，而且具有封建伦常意义和自然物质性，它是此三者的合一物，同时也不再如孔子那样敬而远之，而是强调了天人感应。”②

董仲舒的“天”作为宇宙间最高的主宰，并非是单一的人格意义上的“天”，更多的是一种多种因素的集合体。“董仲舒的贡献在于，他最明确地把儒家的基本理论与战国以来风行不衰的阴阳家的无形宇宙理论，具体地配置起来，从而使儒家的伦常政治纲领有了一个系统论的宇宙图式作为基石，使儒家一直以来向往的‘人与天地参’的世界观得到具体的落实，完成了以儒为主、融合各家以建构体

① 吴延芝、孙晓华：《中华传统文化教程》，山东大学出版社，2019，第172页。

② 张岱年、方克立主编《中国文化概论》，北京师范大学出版社，2004，第401页。

系的时代要求。”①

第五，宋明时期：由宇宙论到伦理学。

按照李泽厚的观点：“宋明理学在其整体行程中，大致可分为奠基时期、成熟时期和瓦解时期。张载、朱熹、王阳明三位著名人物恰好是三个时期的关键代表。”②周敦颐被认为是开宋儒发端的人物，他创设了一条从宇宙论到伦理学的独特路径，即“本体论（自然本体）－宇宙论（世界图式）－人性论－认识论－伦理学的逻辑结构”③。“如果说张载由宇宙论始、以伦理学终的理论，形成了某种半自觉的认知体系，那么，朱熹由宇宙论始的理论体系则相反，它是异常自觉地以构建伦理学为目标，并以之为轴心转动的。张是由外而内，朱是由内而外。”④王阳明心学体系的建立以及传播是宋明理学结束的标志。王阳明心学主张知行合一，坚持解放人性，除了逐渐走向具有近代意义的自然人性论之外，心学非常重要的一点就在于特别强调人的主观能动性。

按照马克思主义认识论的观点，王阳明心学属于典型的主观唯心主义，它特别强调人作为认识主体的主观能动性，认为“致良知”是达到知行合一的最终手段。

2. 人生观

所谓人生论，就是人们对于人生的目的、意义与人生价值的观点和看法。中国古人很早就开始思考人存在的意义。道家主张顺应天道、无为而治，不以为社会、他人奉献为荣耀。早期道家思想的代表杨朱就有“拔一毛而利天下，不为也”的观点。法家建立的基础则是人性本恶，人生奋斗的最终目的是获得个人私利。为了个人私利，韩非与李斯作为受教于荀子的同门学生也不惜互相残杀。“秦王见

① 李泽厚：《中国古代思想史论》，生活·读书·新知三联书店，2017，第132页。
② 李泽厚：《中国古代思想史论》，生活·读书·新知三联书店，2017，第202页。
③ 李泽厚：《中国古代思想史论》，生活·读书·新知三联书店，2017，第208页。
④ 李泽厚：《中国古代思想史论》，生活·读书·新知三联书店，2017，第213页。

《孤愤》《五蠹》之书，曰：‘嗟呼，寡人得见此人与之游，死不恨矣！’李斯闻此言答曰：‘此韩非之所著书也。’秦因急攻韩，及急，乃遣非使秦。韩王始不用非，及急，乃遣非使秦。秦王悦之，未信用。李斯、姚贾害之，毁之曰：‘韩非，韩之诸公子也。今王欲并诸侯，非终为韩不为秦，此人之情也。今王不用，久留而归之，此自遗患也，不发以过法诛之。’秦王以为然，下吏治非。李斯使人遗非药，使自杀。韩非欲自陈，不得见。秦王后悔之，使人赦之，非已死矣。”①

不同于道家和法家思想，儒家学说非常注重人生道德价值和社会价值的实现，关注人对社会的意义与奉献。

在中国历史上，孟子是比较早的将人生赋予道德意蕴的哲学家。性善论是孟子哲学构建的理论基础。“先王有不忍人之心，斯有不忍人之政矣。以不忍人之心，行不忍人之政，治天下可运之掌上。所以谓人皆有不忍人之心者，今人乍见孺子将入于井，皆有怵惕恻隐之心；非所以内交于孺子之父母也，非所以要誉于乡党朋友也，非恶其声而然也。由是观之，无恻隐之心，非人也；无羞恶之心，非人也；无辞让之心，非人也；无是非之心，非人也。恻隐之心，仁之端也；羞恶之心，义之端也；辞让之心，礼之端也；是非之心，智之端也。人之有是四端也，犹其有四体也。”②孟子以孺子入井人人施以援手的例子说明人性本善。

正是因为人性本善，孟子更注重道德自律，突出强调个体的人格价值以及历史使命。为了成就自己的仁德，即使抛弃生命也在所不惜。为了国家大义而舍生取义对于儒生来说实属正常。孟子曰：“鱼，我所欲也；熊掌，亦我所欲也。二者不可得兼，舍鱼而取熊掌者也。生，亦我所欲也；义，亦我所欲也。二者不可得

① 司马迁：《史记》，上海古籍出版社，2016，第1604页。

② 方勇译注《孟子》，中华书局，2010，第59页。

兼，舍生而取义者也。”[①]在这种精神的感召之下，无数仁人志士为了心目中的“大义”甘愿舍弃个人利益，积极进取，敢于牺牲，他们的名字成为中华民族历史上永远的丰碑，散发着迷人的光彩，激励、召唤无数中华儿女前赴后继、勇往直前。

苏武是西汉时期著名的外交家，受汉武帝指派出使匈奴，后因多种原因被扣留在匈奴长达十九年。在这十九年间，苏武拒绝了匈奴人无数次的威逼利诱，被迁去北海牧羊，历尽艰辛。可苏武始终不改其志，一心向国。皇帝赐予的汉节，苏武时刻带在身上，到最后汉节上的毛全部脱落，苏武依然不改其志，终持守着符节，所以后人就称“守节”，“变节”也应该是由此引申的。同时为官的李陵后来投降匈奴，单于委派李陵到北海劝降苏武，被苏武义正词严地拒绝。苏武在匈奴听到汉武帝驾崩的消息，面向汉朝都城的方向终日大哭。汉昭帝继位之后，经过多方寻找营救，苏武终于回到长安。唐朝诗人李白专门作诗称赞苏武的民族气节，“苏武在匈奴，十年持汉节”。在诗中，李白还把苏武与李陵的行为进行对照，在苏武从遥远的匈奴即将回到长安的时候，投降匈奴的李陵来为他送行，只可惜苏武名垂青史，而李陵却因为自己背叛祖国的行为万古蒙羞。在中国，类似李陵这样的人历来是为人所不齿的，司马迁也是因为李陵开脱而被处以腐刑。通过苏武、李陵等的遭遇我们可以看出，中华民族深受孟子气节思想的影响。

对于青年人而言，学习前辈的家国情怀，找准自己的人生方向、奉献自己的人生价值，至关重要。黄文秀在北京师范大学研究生毕业之后，放弃留在大城市工作的机会，回到家乡，做了驻村第一书记。在做第一书记期间，黄文秀迅速掌握了驻村所有贫困户的详细情况，根据当地实际，制定切实可行的措施，带领老百姓脱贫致富。2019 年 6 月 17 日凌晨，黄文秀从百色返回乐业途中遭遇山洪，因公殉职，年仅 30 岁，黄文秀也因自己平凡且伟大的行为入选“感动中国 2019

① 方勇译注《孟子》，中华书局，2010，第 225 页。

候选人物”，她是当代大学生奉献社会、实现人生价值的楷模。生活在我们伟大的祖国和伟大的时代，我们共同享有人生出彩的机会，共同享有梦想成真的机会，共同享有同祖国与时代一起成长与进步的机会。当代中国的大学生，要自觉将个人的成长与社会的发展融合起来，志存高远，脚踏实地，在实现中国梦的过程中让青春焕发出绚丽的光彩。

3. 认识论

所谓认识论，就是研究认识的基础、规律、目的的理论。中华哲学源远流长，认识论是其中非常重要的组成部分。在这其中，唯物主义认识论与唯心主义认识论各具千秋。唯物主义认识论主张先物质后意识，物质决定意识；唯心主义则恰恰相反。作为在中国土地上成长起来的文明成果，中国人的认识论体系与西方迥然不同。牟宗三先生认为：“中国文化，从其发展的表现上说，它是一个独特的文化系统。它有它的独特性与根源性。我们如果用德国费希特的话说，中华民族是最有原初性的民族。唯其是一个原初性的民族，所以它才能独特地运用其心灵，这种独特的根源地运用其哲学，我们叫它是这个民族的特有的文化生命。”[①]

与西方哲学相比，中国古代哲学的认识论有着截然不同的方式。因为按照牟宗三先生的结论：“中国文化，从其发展的表现上说，它是一个独特的文化系统。它有它的独特性与根源性。我们如果用德国哲学家费希特的话说，中华民族是最有原初性的民族。惟其是一个原初性的民族，所以它才能独特地根源地运用其心灵，这种独特地根源地运用其哲学，我们叫它是这个民族的特有的文化生命。”[②]在牟先生看来，中国人最注重的是德性之学，认识论的发展程度有待提高。

---

① 牟宗三：《中国哲学的特质》，上海古籍出版社，2007，第148页。

② 牟宗三：《中国哲学的特质》，上海古籍出版社，2007，第163页。

即便如此，中国古代哲学家还是给我们留下了大量关于认识理论的思考。

第一，唯心主义认识论。

在中国，主观唯心主义认识论典型代表当属孟子与王阳明。孟子是心学的创立者，这种心学体系在王阳明时代得到极大的发展与阐释。

孟子以性善论为基础，提出尽心、知性、知天，具有明显的主观唯心主义色彩。孟子首先将人性与禽兽分离开来，认为人性本善，人的善性是生而有之的。“恻隐之心，人皆有之；羞恶之心，人皆有之；恭敬之心，人皆有之；是非之心，人皆有之。恻隐之心，仁也；羞恶之心，义也；恭敬之心，礼也；是非之心，智也。仁义礼智，非由外铄我也，我固有之也，弗思耳矣。”[①]孟子很明确地告诉我们，仁义礼智是人生而有之的，并非后天外力强加。“但这种天赋的善性，只是作为善端存在于人心之中。”[②]仅仅是一种萌芽，并没有明显地表露出来，终究是不完备的。要想彻底激活人心中的善端，要想让这种可能性变为现实，还必须经过每个人的后天努力，即“扩而充之”。他说：“凡有四端于我者，知皆扩而充之矣，若火之始然，泉之始达。苟能充之，足以保四海；苟不充之，不足以事父母。”[③]

王阳明的心学体系是对孟子学说的继承与发展。在王阳明看来，做事成败的关键在于“知行合一”，在这里，王阳明是预设了人先天有“知”，“知”的内容就是万事万物的“天理”，而要获得“知行合一”中的“知”，就必须要“致良知”。“致良知其实很容易理解，就是用良知去为人处世。按照王阳明的话则是，由于良知能分清是非善恶，所以它就是天理。致我心的良知于万事万物上，万事万物

① 方勇译注《孟子》，中华书局，2010，第218页。

② 沈善洪、王凤贤：《中国伦理思想史》，人民出版社，2005，第178页。

③ 方勇译注《孟子》，中华书局，2010，第59页。

就得到了天理，于是皆大欢喜。”[①]1520 年左右，王阳明开始向弟子们讲授他的“致良知”，并且极力声称，他的“致良知”理论来源于孟子。表面来看，王阳明的心学体系的确是对孟子性善论的继承，但仔细推敲后我们会发现，二者还是存在很大区别的。“孟子所谓的良知纯粹立足于人的情感，也就是道德上，恻隐之心、羞恶之心都属于道德，属于善恶之心。而王阳明的致良知则除了道德的善恶之心之外还有关于智慧的是非之心。”[②]“按照王阳明的意思，如果我们做每件事都按良知的指引去做，那就能获得不动如山的心和排忧解难的智慧。难就难在我们很多人都不能持之以恒地致良知，如果真能坚持到底，那超然的心态和超人的智慧就会不请自来。遗憾的是，我们很多人都不能把致良知坚持到底，所以我们缺乏不动如山的定力和解决问题的智慧，烦恼由此而生。”[③]

相对于孟子与王阳明，朱熹则是客观唯心主义认识论的典型代表。“放眼世界哲学史范围内，程朱理学的理、柏拉图的理念以及黑格尔的绝对精神都是客观唯心主义的典型代表。柏拉图继承了苏格拉底的概念论以及巴门尼德的存在论，在此基础上形成了具有自己独特魅力的理念论，理念不仅是柏拉图哲学建构的基石，更是代表了柏拉图哲学的特色。”[④]朱熹的客观唯心主义认识论精心设计了认识“天理”的途径，即《大学》中提到的修身公式：“古之欲明明德于天下者，先治其国；欲治其国者，先齐其家；欲齐其家者，先修其身；欲修其身者，先正其心；欲正其心者，先诚其意；欲诚其意者，先致其知，致知在格物。物格而后知至，知至而后意诚，意诚而后心正，心正而后身修，身修而后家齐，家齐而后国治，

① 度阴山：《知行合一王阳明》，北京联合出版公司，2014，第 176 页。
② 度阴山：《知行合一王阳明》，北京联合出版公司，2014，第 178 页。
③ 度阴山：《知行合一王阳明》，北京联合出版公司，2014，第 178 页。
④ 吴延芝、孙晓华：《中华传统文化教程》，山东大学出版社，2019，第 123 页。

国治而后天下平”[1]。由此，朱熹构建了一个庞大的、以人之伦常秩序为本体轴心的客观唯心主义体系，在这一体系中，“格物—致知”是基本出发点，而“致知”则是将外在规范转化为主动欲求的过程，由此开始诚意一正心一修身一齐家一治国一明德于天下的伟大功业。[2]

第二，唯物主义认识论。

荀子是古代朴素唯物主义认识论的代表人物。在荀子看来，世间万物皆有自己的规律。他在《天论》中提出，“天、地、人构成宇宙的三个力量，它们又各自有自己的作用”[3]。在荀子看来，万事万物都有自己的运行规则，就如同万物生长都是由阴阳二气相互作用而产生的。“列星随旋，日月递炤，四时代御，阴阳大化，风雨博施，万物各得其和以生，各得其养以成，不见其事，而见其功，夫是之谓神。皆知其所以成，莫知其无形，夫是之谓天。唯圣人为不求知天。”[4]这是上天为人类创造的生存环境，在这样的环境中，人应该充分利用天时地利，创造出属于自己的文化。另外，荀子认为“凡以知，人之性也；可以知，物之理也”。[5]即世间万物都有自己的运行规律，不管人们是否认识到，规律总是客观存在且按照自己的原则不断地运行。当然，荀子在肯定规律客观性的同时，坚持认为世界是可知的，人类可以利用自己的聪明才智与努力，认识客观世界。荀子的认识论在当时具有标志性的意义，即在科学技术并不发达的古代，荀子已经认识到世间万物皆有自己的规律，而且规律是可知的。

唯物辩证法坚持规律是客观的，在尊重客观规律的基础上可以充分发挥人的

① 冯友兰：《中国哲学简史》，新世界出版社，2004，第190页。
② 陈鼓应、白奚：《老子评传》，南京大学出版社，2011，第328页。
③ 冯友兰：《中国哲学简史》，新世界出版社，2004，第152页。
④ 张觉译注《荀子》，上海古籍出版社，2012，第233页。
⑤ 张觉译注《荀子》，上海古籍出版社，2012，第317页。

主观能动性。“尊重客观规律是正确发挥主观能动性的前提。人们只有在认识和掌握客观规律的基础上，才能达到认识世界和改造世界的目的。人们能够创造历史，但不是随心所欲地创造历史，正如人们不能自由选择生产力和生产关系一样，也不能自由选择这一种或那一种社会形态。人类只有遵循历史的规律和进程，把握时代的脉搏和契机，才能真正成为历史的主人。”[①]

荀子之后，中国哲学史上另一位唯物主义认识论者是王充。王充生活在东汉时期，自幼家境贫寒，因性格比较孤傲，在官场并不得志，晚年的王充归隐田园，一心著书立说，目的是批评东汉末年因为董仲舒天人感应思想影响而盛极一时的谶纬神学，为封建统治者寻求新的理论基础。由于交游甚少，王充的思想在其生前并没有太多影响，直至黄巾军的起义摧毁了看似强大的东汉王朝，让人们看到了董仲舒所谓君权神授理论的不堪一击，人们才逐渐意识到王充思想的作用。

“王充是我国东汉时期杰出的唯物主义思想家，他以唯物主义的元气自然论和无神论为武器，对神学目的论和谶纬迷信，展开了针锋相对的斗争，从理论上清算了这一思潮。”[②]王充的唯物主义哲学思想主要表现在以下三点：“第一，以万物自生的观点，批判神学目的论；第二，以天道自然的观点，批判天人感应论；第三，以人死精气灭的观点，批判人死为鬼的有神论。在认识论上，以实事疾妄的思想，破除圣人神而先知的迷信。”[③]其中，对于汉代自董仲舒以来的君权神授思想的批判，是王充唯物主义思想在认识论领域的表现。

自从董仲舒以来，为维护封建统治，西汉、东汉的哲学家大肆宣扬“天人感应”“君权神授”，目的是维护封建统治的权威，巩固封建统治的思想基础。为了

---

① 《马克思主义基本原理概论》编写组编《马克思主义基本原理概论（2015年修订版）》，高等教育出版社，2015，第30页。

② 沈善洪、王凤贤：《中国伦理思想史》，人民出版社，2005，第444页。

③ 沈善洪、王凤贤：《中国伦理思想史》，人民出版社，2005，第446页。

达到目的，他们抬出孔子，把孔子美化成通天教主。“王充在他的《实知篇》和《知实篇》等著作中，以唯物主义的认识论，批判了所谓圣人前知千岁后知万世、不学自知不问自晓等唯心主义先验论的观点。”①

孔子是中国儒学的创立者，后世诸生为宣传自己的思想，往往打着孔夫子的旗号，对其或批评或褒扬，其目的都在于宣扬自己的学说。汉朝统治者为巩固其统治地位，将孔子推到无以复加的历史高位。这一传统被后世纷纷效仿，近代史上的新文化运动也是打着批判孔子的旗号进行。正所谓成亦孔子，败亦孔子。其实这都不是真正意义上的儒学。要想真正了解儒家思想，必须真正走近孔子，了解孔子学说的历史背景，用历史分析方法和阶级分析方法，对孔子的思想进行辩证分析，去伪存真，这样才能正确表达我们对历史上每一位哲人的真诚与敬意。

在认识论问题上，王充还坚持人的知识都是来源于感觉经验，指出：“如无闻见，则无所状……不目见口问，不能尽知也。”②这一点已经接近于科学的认识论观点。马克思主义认识论坚持认为，感性认识是人类认识的开始阶段，任何认识都必须从感性认识开始。大学生在学校接受教育，总体来说是间接经验，要真正了解事情的真相，必须亲身实践、调查研究。毛泽东是调查研究的典范，1927年1～2月，毛泽东历时32天，对湖南湘潭、湘乡、衡山、醴陵、长沙五县的农民运动进行考察。最终于1927年3月写成《湖南农民运动考察报告》一文，文章不仅对农民运动的原因、作用、规模做了实地调查，还提出中国农民是革命的主力军的结论。毛泽东的调查研究方法，对于今天的大学生依然具有非常重要的教育意义。大学生要想真正了解社会，必须真正伏下身子，利用节假日走进社区、走进农村，走到百姓中间，仔细聆听来自群众的需求。只有这样，才能真正将自己

① 沈善洪、王凤贤：《中国伦理思想史》，人民出版社，2005，第446页。
② 沈善洪、王凤贤：《中国伦理思想史》，人民出版社，2005，第447页。

所学理论知识与群众需求结合起来，把青春写在百姓的心坎上。

另外，“在检验认识的标准问题上，王充发挥了韩非的参验说，主张定事以验、立时以效，反对毫无事实根据的空说虚言”①。对于真理的检验标准，历来众说纷纭。旧唯物主义是直观的反映论，没有认识到实践的地位，也就无法正确认识真理的检验标准问题。唯心主义哲学家也是从各自的立场出发，对真理的检验标准给出众多的说法。“有人认为，应当以圣人的意见为标准，如主张以孔子的是非为是非；有人认为，应当以自己的观念、意见为标准，如王阳明把所谓良知作为自家标准；有人认为，应当以多数人的意见、感觉为标准，如贝克莱所说的集体的知觉就是实在性的证据；有人认为，应当以概念是否清楚明白为标准，如笛卡尔就持这种观点；黑格尔虽然接近于主张以实践作为真理的标准，但是他所讲的实践仍然是一种精神的活动；实用主义者主张以有用、有效为标准。凡此种种，他们的共同点，就是把检验认识的标准放在主观的范围之内，都是用认识去检验认识，这样的标准都是不科学的。”②

唯物辩证法主张实践是检验真理的唯一标准。马克思指出：“人的思维是否具有客观的真理性，这不是一个理论的问题，而是一个实践的问题。人应该在实践中证明自己思维的真理性，即自己思维的现实性和力量，亦即自己思维的此岸性。”③当然，在坚持实践检验真理的标准问题上，并不排斥逻辑证明的作用。

荀子、王充之外，中国哲学史上另外一位著名的唯物主义认识论者当属王夫之。王夫之是湖南衡阳人，明朝著名的思想家，明亡后发誓终身不奉清廷，回到

① 沈善洪、王凤贤：《中国伦理思想史》，人民出版社，2005，第 447 页。

② 《马克思主义基本原理概论》编写组编《马克思主义基本原理概论（2015 年修订版）》，高等教育出版社，2015，第 81 页。

③ 中共中央马克思恩格斯列宁斯大林著作编译局编《马克思恩格斯选集》第 1 卷，人民出版社，2012，第 134 页。

家乡著书立说。相传，他每次外出，不论晴天还是下雨，都手擎雨伞，足履木屐，表明自己“头不顶清朝天，脚不踏清朝地”。“晚年隐居于衡阳石船山，自称船山遗老，后人尊称为船山先生。”①“船山学说对洋务运动主要人物——湖南湘乡人曾国藩、湖南湘阴人左宗棠，都曾产生过较大影响。曾国藩多次在日记中记载了研究心得；他在去世前二十天，还在翻阅《船山年谱》。近现代湖南之所以英才辈出，均可追溯到王船山这个精神领袖。”②

在认识论问题上，王夫之继承并发展了自东汉王充以来的唯物主义认识论思想。王夫之赞同王充关于“定事以验，立时以效”的思想，认为检验真理的标准只能是实践。另外，他还比较全面地阐述了认识的主体和客体之间的关系。“在中国古代哲学中，主体的认识作用叫作所以知，认识的客观对象叫作所知。船山认为，主观认识是由客观对象的引发而产生的，建立了因所以发能、能必副其所的认识论，强调所的物质第一性和能的认识第二性；同时指出事之来与必之往是认识过程的两个侧面，必须发挥心之往的能动作用，从而比较全面科学地解决了主客观关系问题，登上朴素唯物主义的高峰。”③认识的主体与客体的关系，是认识论首先要解决的问题。认识的主体是人，只有人才会有认识世界的能力，动物不存在认识，那些看起来比较聪明的举动也只是高等动物的本能活动。认识的客体是进入人的认识领域的客观对象。客体是不断变化的，随着人类科学技术水平的进步，越来越多的客观事物进入人类的视野，成为人类认识的对象。马克思主义的认识论坚持，认识是实践基础上主体对客体的能动反映。“它不但具有再现客体内容的反映性特征，而且具有实践所要求的主体能动的创造性特征，认识是主

① 沈善洪、王凤贤：《中国伦理思想史下》，人民出版社，2005，第 141 页。
② 王洪江：《先哲纵览：中国近代的“精神领袖”——王夫之》，群言出版社，2012，第 65 页。
③ 王洪江：《先哲纵览：中国近代的“精神领袖”——王夫之》，群言出版社，2012，第 67 页。

体以实践为基础对客体的能动的、创造性的思维再现。”[①]

不仅如此，王夫之还承认人的认识的局限性。人类认识最终的目的是追求真理、实现价值。在这个过程中，人对客观世界的认识是伴随着科学技术的发展逐步深入的，绝不是一蹴而就的。时代在变化，人类的认识永远没有终结。在这个问题上，王夫之的观点与马克思主义关于真理的绝对性与相对性的论述具有相似之处。马克思主义认为：“真理是一个过程，就真理的发展过程以及人们对它的认识和掌握程度来说，真理既具有绝对性，又具有相对性，这是真理问题上的辩证法。任何真理都是绝对性与相对性的统一。”[②]王夫之关于认识的局限性问题，就是马克思主义认识论中所讲的真理的相对性问题。在真理的相对性问题上，列宁说：“人不能完全地把握、反映、描绘整个自然界，它的直接的总体，人只能通过创立抽象、概念、规律、科学的世界图景等等永远接近这一点。”[③]

科学史上，关于地球形状的认识也是伴随着科学技术的进步逐渐清晰的。中国人关于地球形状的最早认知为“天圆地方”，中国就位于世界的中心位置。后来，人们根据太阳和月亮的运行规律推测地球应该是圆形的。1519 年 9 月由麦哲伦率领船队，历时三年，首次完成了环球一周的壮举，大地是一个球体得到证实。16 世纪时，人类了解到地球只不过是太阳系的一颗行星。1968 年 12 月 21 日，载人宇宙飞船“阿波罗 8 号”带回了人类首次在太空中拍的地球照片，使人类终于能看到地球的全貌，即一个以蓝色为主、色彩丰富的星球。

认识真理的绝对性与相对性，对于人们坚持和发展真理具有极为重要的现实

---

① 《马克思主义基本原理概论》编写组编《马克思主义基本原理概论（2015 年修订版）》，高等教育出版社，2015，第 67 页。

② 《马克思主义基本原理概论》编写组编《马克思主义基本原理概论（2015 年修订版）》，高等教育出版社，2015，第 75 页。

③ 中共中央马克思恩格斯列宁斯大林著作编译局编《列宁专题文集·论辩证唯物主义和历史唯物主义》，人民出版社，2009，第 137 页。

意义。对于大学生而言，充分认识到真理的绝对性与相对性，对于解答现实生活中遇到的难题，学会用发展的眼光看问题以及正确坚持真理意义非凡。

恩格斯指出："世界不是既成事物的集合体，而是过程的集合体。"[①]发展是唯物辩证法的两大特征之一，要求人们一定要用发展的眼光看问题，反对一成不变的形而上学观点。"事物的发展是一个过程。一切事物，只有经过一定的过程，才能实现自身的发展，自然界、人类社会和思维领域的一切现象都是作为一个过程而向前发展的。"[②]

"马克思主义是真理，是绝对性与相对性的统一。正因为马克思主义是真理，所以我们必须坚持以马克思主义为指导思想，又因为它具有相对性，所以我们又必须在实践中丰富和发展马克思主义；既坚持又发展，才是对待马克思主义的正确态度。"[③]马克思主义是真理，但也不是一成不变的。在传入中国之后，马克思主义也经历了中国化的过程，并且产生了两大理论成果。"中国共产党从成立之日起，就把马克思列宁主义确立为指导思想，并坚持把马克思主义基本原理同中国具体实际相结合，领导全国各族人民取得了革命、建设和改革的伟大胜利，在100年的奋斗、创造、积累过程中，形成了两大理论成果：毛泽东思想和中国特色社会主义理论体系。"[④]这两大成果的形成，充分说明真理是发展着的，人类的认识永远没有终结。

---

① 中共中央马克思恩格斯列宁斯大林著作编译局编《马克思恩格斯选集》第 4 卷，人民出版社，2012，第 250 页。

② 《马克思主义基本原理概论》编写组编《马克思主义基本原理概论（2015 年修订版）》，高等教育出版社，2015，第 37 页。

③ 《马克思主义基本原理概论》编写组编《马克思主义基本原理概论（2015 年修订版）》，高等教育出版社，2015，第 78 页。

④ 《马克思主义基本原理概论》编写组编《马克思主义基本原理概论（2015 年修订版）》，高等教育出版社，2015，第 9 页。

三、儒家哲学思维代表人物

黑格尔讲过："传统并不仅仅是一个管家婆，只是把它所接受过来的忠实地保存着，然后毫不改变地保持着并传给后代。它也不像自然的过程那样，在它的形态和形式的无限变化与活动里，永远保持其原始的规律，没有进步。"[①]自汉代董仲舒"罢黜百家独尊儒术"以来，儒家思想就成为中国几千年文明史上一以贯之的最重要的思想流派。"儒家思想对于中国人的影响根深蒂固，几乎每位中国人都是在儒家经典的诵读中接受了最早的启蒙教育，因此，儒家思想对每位中国人的感情是深入血液、须臾不可分割的。"[②]

儒家思想的代表人物如灿烂星辰，在古老中国的历史天空上，留下他们深深的足迹。他们的睿智思考、人文情怀、哲学思想，在今天依旧深深影响着每一位中华儿女。对于大学生而言，学习、继承祖先的优秀文化遗产，传承、借鉴其中的哲学思维方式，有助于拨开历史的重重迷雾，找到前进的道路与勇气。

1. 孔子：第一位儒者

周王朝统治的末期，天子已经失去对诸侯国的实际控制能力，对于周天子的"僭越"行为时常出现，整个社会制度逐渐瓦解，原来的阶级分层制度也在坍塌。公元前 7 世纪前后，已经有庶民因为战功或者其他原因获得较高的社会地位，成功实现了社会阶层的向上穿越。也有原来的贵族因为某些原因失去土地、封号，地位逐渐没落。"以吏为师"的体系使得原有的贵族掌握着一些专门的知识技能，在失去贵族地位之后，为了生存开始开馆招收学徒，转变为私人教师，称为"师"。"吏"与"师"开始分离。"既然这些教师各有自己的专长，

① 黑格尔：《哲学史讲演录》第一卷，商务印书馆，1978，第 8 页。

② 吴延芝、孙晓华：《中华传统文化教程》，山东大学出版社，2019，第 120 页。

又是个人发挥自己的思想见解，于是有些教师以讲授经书、礼乐见长，他们被称为儒或者士；还有些教师精通兵法或武艺，他们被称为侠；还有些教师擅长辩论，被称为辩者。另外还有一些以巫医、星象、占卜、术数见长，他们的知识被称为方术。最后还有些人，具有知识才干，而对当时的现实政治失望，遁入深林，被称为隐者。儒家者流，盖出于文士；墨家者流，盖出于游侠之士，道家者流，盖出于隐者；名家者流，盖出于辩者；阴阳家者流，盖出于方士；法家者流，盖出于法术之士。"①

在冯友兰看来，"儒家的本意是读书人或思想者。在西方称之为孔子学派，这个名字没有指出，它的队伍主要是由学者和思想家组成。他们讲授古代的经书，因此是古代文化的传承者。孔子无疑是这一学派的领袖人物，也是这一学派的创始人"②。《史记》中这样描述孔子的生平："孔子生鲁昌平乡陬邑。其先宋人也，曰孔防叔。防叔生伯夏，伯夏生叔梁纥。纥与颜氏女野合而生孔子，祷于尼丘得孔子。鲁襄公二十二年而孔子生。生而首上圩顶，故因名曰丘云。字仲尼，姓孔氏。"③孔子出身贵族，但到孔子时期家族已经没落，属于冯友兰所说的"士"阶层。

孔子思想的核心为"仁"，"仁学是孔子学说中最主要的部分，是他所创立的合乎时代潮流的新学说。这种学说，包含了仁学是孔子思想的核心，从总体说，仁具有两方面的意义：一方面，重视人的作用，注意人的内心修养；另一方面，协调人与人之间的相互关系。仁者爱人的思想，超出了血缘宗族的亲亲关系，有利于按照新兴力量的愿望，来调整统治阶级内部关系。从仁者爱人的口号出发，

---

① 冯友兰：《中国哲学简史》，新世界出版社，2004，第 38 页。

② 冯友兰：《中国哲学简史》，新世界出版社，2004，第 31 页。

③ 司马迁：《史记》，上海古籍出版社，2016，第 1394 页。

孔子提出了博施于民而能济众的主张，并把它作为调整统治者和被统治者之间关系的原则。当然孔子是不主张无原则地爱一切人的。孔子身处社会大变动的春秋末期，对当时社会上存在着的是非善恶的种种矛盾与冲突，有着相当的感受。因此，他对于爱什么人，恶什么人，是有所分析的。他要人们爱的主要是那些热心于封建性变革的志士仁人，要人们恶的正是类似桀纣的昏乱暴君。仁者，要求为政讲仁政，做人求仁人，仁爱同情是人间正道，仁者爱人是做人的基本准则。孔子为仁的落实提出了两条充满睿智而又切实可行的途径：一是己所不欲，勿施于人，即自己所不想要的，就不要施加给别人。二是己欲立而立人，己欲达而达人，即自己想立得住，就让别人也得住；自己想通达，就让别人也通达。第一条途径是基于自我控制和约束的角度，第二条途径是基于积极帮助他人的角度，但它们有一个共同的特点，即都是设身处地，将心比心。”①

孔子的哲学思想主要包括以下几点。

第一，天道观。

首先，孔子很少言及“天”。“据统计，在大约 21 469 字的《论语》中，‘仁’几乎是出现频率最高的，共 109 次，足见孔子对于仁的重视。但是，‘天’出现的频率很低，在《论语》中仅 22 次。弟子子贡说：‘夫子之文章，可得而闻也；夫子之言性与天道，不可得而闻也。’孔子生活的时代，人们对于‘天’的概念处于变动之中。这在孔子的言语中也有所体现。‘天’在孔子的思想中有时候指的是广袤无垠的自然之天，有时候指的是主宰一切的上天，有时候则指道德之天，不一而足。孔子之所以很少讲性与天道，主要原因有以下两点：一种认为，孔子之所以不讲性与天道，是因为他重视的是现实社会的政治与伦理，性与天道的问题过于玄奥，所以很少涉及。另一种认为，孔子并非不讲性与天道，只是因为性与天

① 吴延芝、孙晓华：《中华传统文化教程》，山东大学出版社，2019，第 68 页。

道的知识十分高深，非普通人所能理解，所以不是学问达到相当水平的人，孔子是不会对他讲性与天道的。”[①]

其次，尽管孔子很少谈及，但他却“知天命”。孔子说：“不知命，无以为君子也。”[②]“吾十有五而志于学，三十而立，四十而不惑，五十而知天命，六十而耳顺，七十而从心所欲，不逾矩。”[③]按照冯友兰的观点：“孔子自己的一生就是知天命的一生。他出生在一个社会政治动乱的时代，竭尽己力去改造世界，像苏格拉底那样周游列国，与各种各样的人去交谈，虽然一切努力都没有太多的效果，他从不气馁，明知不可能成功，却依然坚持不懈。”[④]尽己所能去改变世界，将结果交给命运。在孔子那里，“天”的含义大都是天命或者天意。在今天，孔子知天命而为之的积极进取思想对于大学生依旧具有很大的鼓舞作用。“我们从事各种活动，其外表成功，都有赖于各种外部条件的配合，但是，外部条件是否配合，完全不是人力所能控制的。因此，人所能做的只是：竭尽己力，成败在所不计。这种人生态度就是知命。”[⑤]

“知其不可为而为之是孔子一生很好的写照。孔子一生遵道而行，修德成己，又以天下为己任，自信天下若按自己提供的方案去治理，很快即可进入太平盛世，于是栖栖遑遑，周游列国，希望各国君主能接受自己的主张。然而列国君主多为斗筲之人，他们以利为重，并不真正关心民众疾苦。因此孔子四处碰壁，在外游历十多年，只得失望而返。但是失望并不代表孔子改变了自己的志向，而是始终

① 冯国超译注《论语》，商务印书馆，2018，第121页。
② 冯国超译注《论语》，商务印书馆，2018，第534页。
③ 冯国超译注《论语》，商务印书馆，2018，第30页。
④ 冯友兰：《中国哲学简史》，新世界出版社，2004，第46页。
⑤ 冯友兰：《中国哲学简史》，新世界出版社，2004，第47页。

坚信真理在握，自己只是时运不济罢了。”[①]尽管命运有时候会对人类不公，在有限的时间和生命里，无法实现个人的全部理想与抱负，但孔子告诉我们：“子曰：‘莫我知也夫！’子贡曰：‘何为其莫知子也？’子曰：‘不怨天，不尤人。下学而上达，知我者其天乎！’”[②]“知者不惑，仁者不忧，勇者不惧”[③]，始终保持内心的宁静平和。这种积极进取、功成不必在我的情怀是中华民族与生俱来的优秀品质，已经深深镌刻进每一位中国人的基因里。历史赋予每一代人不同的使命与任务。20 世纪之初，帝国主义列强掀起瓜分中国狂潮，古老的中华民族宛如任人宰割的羔羊，民不聊生，国家处于崩溃的边缘。一大批有志之士开始积极寻求救亡图存的道路。1921 年 7 月间，13 位热血青年齐聚上海，为中国找到了马克思主义理论，成立了中国共产党，中国革命的面目开始焕然一新。13 位一大代表中，何叔衡、陈潭秋等人被杀害，作为共产党的创立者，他们没有看到 1949 年中华人民共和国成立的伟大时刻，但他们用生命和热血诠释了功成不必在我的赤子情怀。革命肯定是需要付出的，有时候付出的甚至是最宝贵的生命。“承认世界存在的必然性，对外在的成败利钝在所不及。如果这样从事为人，在某种意义上来说，我们就永不言败。如果我们做所当做的，遵行了自己的义务，则义务在道德上便已完成。而不在于从外表上看，它是否得到了成功，或遭到了失败。”[④]

“知天命”在唯物辩证法看来，在某种程度上是承认规律的客观性。规律的客观性是指规律的存在不以任何人的意志为转移。日升月落、斗转星移本世间常事，绝不是凭借人力就可以改变的。“拔苗助长”的故事也是说明规律的客观性。“马克思主义认为，规律是事物运动过程中固有的、本质的、必然的、稳定的联系，是不

① 吴延芝、孙晓华：《中华传统文化教程》，山东大学出版社，2019，第 4 页。
② 冯国超译注《论语》，商务印书馆，2018，第 396 页。
③ 冯国超译注《论语》，商务印书馆，2018，第 253 页。
④ 冯友兰：《中国哲学简史》，新世界出版社，2004，第 47 页。

以人的意志为转移的。因此，必须按规律办事，违背规律就会受到惩罚。如同种树，栽苗、浇水、施肥、防虫……每个步骤、每个环节都不可少，功夫到了，小树苗自然能长成参天大树；急功近利、急于求成，只会拔苗助长、欲速不达。”①

第二，认识论。

首先，受时代条件以及自身阶级的限制，孔子一生始终在“生而知之”与“学而知之”中间徘徊。

按照人的认知能力，孔子把人分为四类。“生而知之者上也，学而知之者次也，困而学之，又其次也。困而不学，民斯为下矣。”②“根据人与知识的不同关系，孔子区分了四类不同等级的人：生而知之的，学而知之的，困而学之的，困而不学的。”③其中，第一等人也就是生而知之者，如尧、舜、文王、周公，这种人凤毛麟角，可遇而不可求。“学而知之与困而学之的人都属于喜欢学习的人，区别在于学而知之者是主动去学习，以追求知识为乐，困而学之者则是遇到困难再去学习，因此两者之间存在层次上的差别。最差的就是困而不学的人，这类人饱食终日无所用心，遇到困难就躲避，碰到不懂的问题也无动于衷，每天得过且过，甘心居于下流。”④在两千年前，孔子就已经意识到学习态度、目的对人的影响。对于喜欢学习的人而言，学习是一种乐趣，是一种生活的态度。当然，孔子自谦地把自己放在了“学而知之”的行列，“我非生而知之者，好古，敏以求之者也”⑤。孔子一生，勤敏好学，曾经“韦编三绝”，也曾经问礼于老子，听到悦耳的音乐“三月不知肉味”，在世时就以博学多闻而著称，但孔子依然非常自谦。

---

① 殷鹏：《树立“功成不必在我”的信念——学习习近平同志参加山东代表团审议时关于正确政绩观的重要论述》，《人民日报》2018 年 3 月。
② 冯国超译注《论语》，商务印书馆，2018，第 453 页。
③ 冯国超译注《论语》，商务印书馆，2018，第 454 页。
④ 冯国超译注《论语》，商务印书馆，2018，第 454 页。
⑤ 冯国超译注《论语》，商务印书馆，2018，第 189 页。

其次，孔子认为人人皆可为师，提倡学习的广泛性。

“三人行，必有我师焉。择其善者而从之，其不善者而改之。”[①]在孔子看来，每个人都有自己的优点，当然也会有这样或者那样的缺点。对于别人身上的优点，我们要努力学习，而对于别人的缺点，我们要尽量避免。中国人讲“人无完人”就是这个道理。要辩证地看待对方，看待对方身上的优点和缺点，学无常师，生活中需要处处留心，因为处处皆学问。对于大学生而言，高考之后不仅意味着从高中生向大学生的转变，更意味着成为一名法律意义上的成年人。远离了家长、老师无微不至的关心，远离了高中生活的巨大压力，相对于高中生活而言，大学是自由的、宽松的。来自不同家庭背景、不同生活经历的年轻人聚在一起，共同生活。在这四年时光里，有欢乐，有悲伤，有喜悦，当然也有碰撞，这需要年轻的学子们潜心学习其他同学身上的优点，善于向别人学习，弥补自己身上的种种不足。

再次，孔子主张“启发式”教学。

从孔子到苏格拉底，人类历史上这两位伟大的智者，对启发式教学都非常欣赏，认为启发式教学是激发学生兴趣、引导学生进行正确积极理性思考的最有效方法。“这句话指明了真正有效的教育是启发而绝非灌输。西方先哲苏格拉底曾说教育不是灌输，而是点燃火焰，与孔子的教育思想有着异曲同工之妙，二者都强调启发在教育中的重要作用。所谓启发，即先让学生对某个问题展开思考，当他百思不得其解，或已得其解却又不知如何表达时，老师才加以引导和点拨，使得学生恍然大悟，茅塞顿开。由此获得的知识，必然记忆深刻，且能触类旁通，大大提高学习的效率。”[②]

---

① 冯国超译注《论语》，商务印书馆，2018，第190页。

② 吴延芝、孙晓华：《中华传统文化教程》，山东大学出版社，2019，第40页。

第三，方法论：极高明而道中庸。

“和”作为中华民族文化的基本特征之一，发展历史源远流长。“中西文化的一个重要差异，就是中国文化重和谐与统一，西方文化重分别和对抗，由此形成了显然不同的文化传统。”①“和”在哲学上主要表现为：承认事物是多样性的统一。这种哲学理念根深蒂固，由此形成了中国文化海纳百川的广阔胸怀。“在中国文化中，儒道互补、儒佛相融、佛道相通，援阴阳五行入儒，儒佛道三教合一，以至对基督教、伊斯兰教等外来宗教的容忍和吸收，都是世人皆知的历史事实。”②

以“和”为目的，执两用中，持中敬和。在古代中国，“中庸之道可以说是一种调节社会矛盾使之达到中和状态的高级哲理，所谓极高明而道中庸、执两用中，就是这种哲理的妙用”③。孔子讲中庸之道，老子提出“水善利万物而不争”，其中都蕴含了“不争”的中庸之道。

“过犹不及”是中庸之道的内涵，中庸不同于折中主义。所谓折中主义，就是缺乏原则性的和稀泥。而中庸之道，是承认矛盾双方的差距和分歧，在此基础上中和双方意见，坚持保留双方的正确思想，摒弃不合时宜的理论。这其中，“度”起着关键性作用。按照唯物辩证法的观点，“度是保持事物质的稳定性的数量界限，即事物的限度、幅度、范围，度的两端叫关节点或者临界点，超出度的范围，此物就会转化为他物。度这一哲学范畴告诉我们，在认识和处理问题时一定要掌握适度的原则”④。

① 张岱年、方克立主编《中国文化概论》，北京师范大学出版社，2004，第292页。

② 张岱年、方克立主编《中国文化概论》，北京师范大学出版社，2004，第293页。

③ 张岱年、方克立主编《中国文化概论》，北京师范大学出版社，2004，第295页。

④ 《马克思主义基本原理概论》编写组编《马克思主义基本原理概论（2015年修订版）》，高等教育出版社，2015，第44页。

“中庸之道”有三个主要原则。

首先，慎独自修。

所谓“慎独自修”，就是在独处无人监督的时候，也要时刻自我约束、自我反省。越是无人监督，才越能彰显出个人的修养情操。曾子曰：“吾日三省吾身：为人谋而不忠乎？与朋友交而不信乎？传不习乎？”[①]作为孔子的弟子，曾子非常重视个人的修养与诚信问题。“儒家重视道德修养，道德修养有其具体的功夫，其中一种重要的功夫，便是通过内心的自我省察，去除不符合道德原则的行为和思虑，保持并扩充符合道德原则的因素。曾子的自我省察包括三个方面的内容：替别人出主意时是否尽心，与朋友交往是否诚信，讲给别人的知识是否可信。”[②]另外，曾子为保持诚信杀猪的故事在中国也是家喻户晓，足见儒家对于自我修养的重视。

在修养过程中，慎独的作用不可小觑。“慎独作为中华传统思想文化所提倡的一种重要修身方法，不论在古代还是现代都具有十分重要的意义。首先，慎独是衡量道德修养水平的重要标尺。一般说来，在众人的眼前，在组织和领导的监督之下，个人比较能注意自己的言行和态度；而在无人监督之处却容易放松对自己的要求，甚至做出一些有违道德规范甚至法律规范的事。在无人监督时自觉做出的道德行为比有他人监督时的道德行为更加难能可贵，因此，一个人能否做到慎独，实际也反映了他道德修养水平高低。其次，慎独是自律的至高境界。当慎独成为自然而然的行为，个体就达到了一种自由状态。再次，慎独是培养理想人格的关键。个体慎独的修养方法既重视外在的道德行为实践，也重视内在的道德信念的建构。它把内在道德意识的自我觉悟作为主要目的，以实现自己的人性为首

① 冯国超译注《论语》，商务印书馆，2018，第 8 页。

② 冯国超译注《论语》，商务印书馆，2018，第 8 页。

要任务，主张返回到自身，确证自身的存在和价值。”[①]

其次，忠恕宽容。

“忠恕宽容”要求人们要将心比心，互相体谅，己所不欲的东西勿施于人。这一点在人与人的交往过程中非常关键。子曰：“君子食无求饱，居无求安，敏于事而慎于言，就有道而正焉，可谓好学也已。”[②]意思是说，我们在与人交往的时候一定要注意方式方法，君子在饮食穿衣等个人享受方面并不注重，少说话多做事，不追求单纯的感官享受，不断地接近有道德的人，向他们学习，唯其如此，才能成圣成贤。每个人来自不同的家庭，教育背景不同，生活环境不同，对于将来生活的规划也不相同，在相处的过程中，肯定会有这样或者那样需要解决、沟通的问题。

孔子与学生子贡有一段对话，从中我们可以看出孔子在与人交往过程中的原则。子贡曰：“贫而无谄，富而无骄，何如？”在孔子的众多弟子中，子贡聪明灵活，擅长理财，对于财富、地位有着切身的感受。他自认为在贫穷时保持节操，在富贵时不骄不躁，这已经非常不错了，于是向老师发问，期待得到老师的表扬。孔子在充分肯定了子贡的做法之后，说出自己的观点，如果人可以做到贫穷时不卑不亢，富有时谦谦君子，才是最难得的事情。

据《论语》记载，子路跟随孔子出游，偶遇一位老者，子路向他打听孔子的行踪。老者说：“四体不勤，五谷不分，孰为夫子？”子路将老者的话说给孔子听，孔子认定这是一位隐者。但是孔子对于隐者的行为并不赞同。因为在孔子看来，“不仕无义。长幼之节，不可废也；君臣之义，如之何其废之？欲洁其身，而乱

① 张岱年、方克立主编《中国文化概论》，北京师范大学出版社，2004，第286页。

② 冯国超译注《论语》，商务印书馆，2018，第19页。

大伦。君子之仕也，行其义也。道之不行，已知之矣”[①]。意思是说如果有能力的人不出来为仕是不道德的，因为君子之所以如此，并非追求个人的功名利禄，而是要为国尽忠。

最后，至诚尽性。

儒家奉行人性本善的思想。孔子主张在与人交往的过程中，一定要真诚善良，唯有待人真诚，人际关系才能和谐；唯有做人善良，才能感化他人。与人为善是儒家思想一直以来的交往原则。“在儒家思想中，诚的主要意思是指真实无妄之理或道而言。所谓诚，即是指实理、实体、实在或本体而言。诚不仅是说话不欺，复包含有真实无妄、行健不息之意。其次，诚亦是儒家思想中最富于宗教意味的字眼。诚即是宗教上的信仰。所谓至诚可以动天地泣鬼神。精诚所至金石为开，至诚可以通神，至诚可以前知。诚不仅可以感动人，而且可以感动物，可以祀神，乃是贯通天人物的宗教精神。”[②]

历史上著名的管鲍之交就是人与人之间真诚交往的例证。鲍叔牙与管仲从小就是好朋友，鲍叔牙远比管仲要富有。后来两个人合伙做生意，本钱都是鲍叔牙出的。每次赚了钱，管仲都要偷偷多分一些，鲍叔牙身边的人都为他鸣不平，但鲍叔牙却以管仲家境艰苦、母亲需要侍奉为理由，理解管仲的做法。即使在战场上与敌人厮杀的时候，管仲总是躲在别人后面，鲍叔牙也并没有因此鄙视管仲。后来，管仲辅佐公子纠又失败了，而鲍叔牙辅佐的公子小白却接掌了齐国的政权，公子小白就是后来的齐桓公。齐桓公邀请鲍叔牙共同治理国家，可是鲍叔牙推荐了管仲。当时管仲辅佐公子纠，为了帮助公子纠与公子小白争夺王位，管仲还射箭伤过公子小白。鲍叔牙的提议刚开始被齐桓公拒绝了，可是鲍叔牙坚持认为管

---

① 冯国超译注《论语》，商务印书馆，2018，第500页。

② 贺麟：《文化与人生》，商务印书馆，2015，第11页。

仲才是治理国家的能手。鲍叔牙奉劝齐桓公为了国家的富强，忘记以往与管仲的个人恩怨，大胆启用管仲为相。管仲果然不负重托，辅佐齐桓公成为春秋五霸之一，其治下的齐国也成为当时国力最强的诸侯国之一。回望鲍叔牙与管仲的交往，鲍叔牙对待朋友的真诚之心使这段友谊成为佳话。后来的管仲曾经这样讲："生我者父母，知我者鲍叔矣。"

至诚尽性原则在今天依然有其时代意义。大学生在与朋友、同学交往的时候，一定要奉行真诚原则。

第四，人生观：积极进取。

所谓人生观，就是人们对于人生目的、意义的观点。由于年龄、经历、教育背景等不同，人们的人生观各有不同。人生观主要是建立在人们对于人性善恶的判断基础之上的。一直以来人性论都是古今中外哲学家关注的焦点之一。"人生论是中国哲学之中心部分，其发生也较早，中国哲学的创始者孔子，及继起者墨子，都是谈论人生问题，而未尝成立宇宙论系统。可以说中国哲学家所思所议，三分之二都是关于人生问题的，世界上关于人生哲学的思想，以中国为最富，其涉及的问题既多，所达到的境界亦深。"[①]

按照张岱年先生的观点，人生论可以分为四个部分：人性论、天人关系论、人生理想论以及人生问题论。我们从这四个方面分析孔子的人生论。

首先，人性论。

所谓人性论，即探讨人性善恶的理论、观点。在古代中国，第一个明确讲人性的是孔子。"性相近也，习相远也。"[②]意思是说人的本性并没有太多差异，后天环境和学习对于人性的影响非常重要。孔子虽然没有明确人性的善与恶，可是，

---

① 张岱年：《中国哲学大纲》，商务印书馆，2017，第 275 页。

② 冯国超译注《论语》，商务印书馆，2018，第 464 页。

他对于人性的论述却拉开了中国两千年人性善恶争论的开端。“孟子明确人性本善，因为后天的不良影响才使有的人变成了恶人。荀子则反其道而行之，认为人性本恶，因为后天的教育才会使人变得善良。自此以后，又有性有善有恶、性善恶混，以及宋儒的天命之性为善、气质之性为恶等不同观点。”[①]迄今为止，关于人性善恶的争论仍在继续，每个人心里都有自己的性善恶标准，并且指引、影响着人们的日常言行。

另外，孔子并没有盲目地相信人性的尽善尽美，在他看来，人性是不完美的。生活在现实生活中的人，总要受到各种因素的牵制，总有这样或者那样的缺陷。所以，我们大可不必苛求完美。年轻人的交友问题同样如此，不必要求对方无懈可击，因为世间万物本就是如此，所谓水至清则无鱼就是这个道理。马克思主义哲学也告诉我们，凡事都要采取一分为二的观点，在欣赏别人优点的同时，容纳、理解对方的缺点。

另外，孔子对于人性的认知比较真实，他说“吾未见好德如好色者也”[②]，意思是说作为人，对于美色、利益的追求是人之常情，我们大可不必苛责，只要不沉溺于其中就可以了。现实生活中也是如此，如果我们罔顾人性的特点，空谈“存天理灭人欲”，注定会与真实的人性脱节，最终理论也会走向空谈。对于正常的欲望与道德修养的关系，“一个人只有克制自己不合理的欲望，在美色当前时能想到礼义廉耻，并切实提升道德修养，才能不断提高自己的境界，从而成为一名君子，成为一个仁者，乃至成为一个圣人”[③]。由此可以看出，孔子承认并正视人的真实欲望，在道德与私欲面前，主张用个人的道德修养正确引导私欲，而不是消灭私

---

① 冯国超译注《论语》，商务印书馆，2018，第464页。
② 冯国超译注《论语》，商务印书馆，2018，第246页。
③ 冯国超译注《论语》，商务印书馆，2018，第246页。

欲。这一点，具有极大的进步意义。

其次，天人关系论。

所谓天人关系论，就是“对于人与自然或人与宇宙之关系之探讨。中国哲学中，关于天人关系的一个有特色的学说，是天人合一论。中国哲学中所谓天人合一，有二意谓：天人本来合一，天人应归合一”①。“中国传统文化中凡是精神的升华、思想的超越、情操的高洁、气质的陶冶、真理的感悟等，无不以天人合一为最高境界，无不以天人合一为最终依据。中国古代‘天人合一’思想传统经过逐渐演化，以西周的崇拜自然、敬畏自然为基础，后又经历了宗教化、哲学化改造，最终形成了较为完整的‘天人合一’思想体系。”②“在中国思想史上，天人合一既是中国传统文化中的宇宙观，又是社会法则和人生理想，它强调自然、社会与人之间的和谐统一发展。这一思想对于反思现代工业文明所产生的负面效应，重新构建人与自然之间的和谐关系，仍具有借鉴价值。”③人与自然的关系向来是东西方哲学的区别之所在，在很大程度上影响了东西方的思维方式。“中国文化比较重视人与自然的和谐统一，而西方文化则强调人要征服自然、改造自然，才能求得自己的生存发展。”④

在孔子看来，他更注重的是“天”的道德属性，“唯天为大，唯尧则之”⑤（语出《论语・泰伯》），意思是说只有上古时期的圣君尧才符合天的标准，而尧的伟大，就像天那么神圣非凡。天有高尚的德，尧作为一代圣君能够效法天之德而与天合德。战国末年，《易传》也提出“夫大人者，与天地合其德，与日月合其明，

---

① 张岱年：《中国哲学大纲》，商务印书馆，2017，第 297 页。

② 张岱年：《中国哲学大纲》，商务印书馆，2015，第 277 页。

③ 吴延芝、孙晓华：《中华传统文化教程》，山东大学出版社，2019，第 50 页。

④ 张岱年、方克立主编《中国文化概论》，北京师范大学出版社，2004，第 286 页。

⑤ 冯国超译注《论语》，商务印书馆，2018，第 222 页。

与四时合其序，与鬼神合其吉凶，先天而天弗违，后天而奉天时”的思想。在这里，我们可以看出儒家思想自孔子开始一以贯之的思想传统，重道德而非重自然。孔子把“天”赋予了浓厚的道德意蕴，这直接决定了后世儒生的研究方向。董仲舒的“天人感应”更是将道德之天的作用发挥到了极致。

孔子不仅赋予“天”道德的意蕴，更为难能可贵的是，孔子认识到“天命难违”，所以教育弟子“不怨天，不由人”。“子曰：‘莫我知也夫！’子贡曰：‘何为其莫知子也？’子曰：‘不怨天，不尤人。下学而上达，知我者其天乎！’”[①]意思是说遇到困难时，不埋怨天，更不会归罪于别人，而是努力寻找解决问题的办法。大学生在日常的生活学习中，肯定会遇到这样那样的困难与疑惑，这也是人生成长过程中必然经历的。“不怨天，不由人”，积极寻求解决的办法是孔子留给我们的精神财富。

《论语》和《史记》中都曾经记载孔子的陈蔡之厄。“在陈绝粮，从者病，莫能兴。子路愠见，曰：‘君子亦有穷乎？’子曰：‘君子固穷，小人穷斯滥矣。’”[②]司马迁如此描写孔子：“孔子贫且贱。及长，尝为季氏史，粮量平；尝为司职吏而畜蕃息。由是为司空。已而去鲁，斥乎齐，逐乎宋、卫，困于陈、蔡之闲，于是反鲁。”[③]就连弟子子路都带着怨恨之心去质问孔子，可孔子坚持君子即使在面临困窘的时候也会坚守内心的道义，绝不会怨天尤人，而小人在困窘之下，必然会做出一些胡作非为的事情来。

再次，人生理想论。

人生理想高于天。每个人都有自己的人生理想，它是我们对于这个世界的美

① 冯国超译注《论语》，商务印书馆，2018，第 396 页。

② 冯国超译注《论语》，商务印书馆，2018，第 411 页。

③ 司马迁：《史记》，上海古籍出版社，2016，第 1397 页。

好期许，是温暖人生的底色。人的理想各有不同。两千年前的孔子自有自己的人生理想。

孔子的第一个人生理想是构建君君臣臣父父子子的仁政社会。《史记》记载，景公曾经问政于孔子。孔子曰："君君臣臣父父子子。"[①]意思是说人们要严格按照自己的社会地位，各安其位，扮演好自己的社会角色，承担起应该承担的责任和义务。这种思想在中国有着深厚的历史渊源。李泽厚认为："以农业为基础的中国新石器时代大概延续极长，氏族社会的组织结构发展得十分充分和牢固，产生在这基础上的文明发达得很早，血缘亲属纽带极为稳定和强大，没有为如航海（希腊）、游牧或其他因素所削弱或冲击。虽然进入阶级社会，经历了各种经济政治制度的变迁，但以血缘宗法纽带为特色、农业家庭小生产为基础的社会生活和社会结构，却很少变动。古老的氏族传统的遗风余俗、观念习惯长期地保存、积累下来，成为一种极为强固的文化结构和心理力量。"[②]正是这种稳定的农业基础，造就了中国人的家族血缘情节。"由于自然经济以及血缘宗族关系难以撼动的历史地位，中华民族几千年的传统文化长久生活在家国同构的社会关系中，父是家君，君是国父，家国一体，同质同构，社会组织主要是在父子、君臣、夫妇、长幼之间的宗法原则指导下建立起来的。"[③]

孔子的君君臣臣父父子子思想，除却其中的封建等级糟粕，其中强调的责任和义务思想在今天依然具有参考意义。每个人都不是独立的个体，在一定关系上，我们每个人都是社会关系的产物，都要生活在这样或者那样的社会关系中，且不可逃避。例如，孝亲思想在中国一直是一脉相传，封建帝王甚至宣称自己是以孝

---

① 司马迁：《史记》，上海古籍出版社，2016，第 1399 页。

② 李泽厚：《中国古代思想史论》，生活·读书·新知三联书店，2017，第 278 页。

③ 吴延芝、孙晓华：《中华传统文化教程》，山东大学出版社，2019，第 68 页。

治国。公元前134年，汉武帝下令设立举孝廉制度，所谓举孝廉是一种由下向上推选人才为官的制度，“孝”制度就是孝敬父母，“孝”已经成为选拔官吏的普遍要求。古代中国，为了向人们普及“孝”的思想，人们精心炮制出“二十四孝”，还有“乌鸦反哺”“羊羔跪乳”等故事。闵子骞是孔子的弟子，历史上闵子骞就以“孝”闻名，“鞭打芦花”的故事就发生在他身上。闵子骞很小的时候生母就去世了，父亲娶了一位后母来照顾他们父子的生活。后来，后母有了自己的孩子，渐渐开始虐待闵子骞。有一年冬天，天气特别寒冷，后母为孩子们做了过冬的棉衣，不但如此，后母一再强调闵子骞的棉衣是最厚实的。后来，闵子骞随同父亲出门拉车，冻得瑟瑟发抖，父亲以为是闵子骞要偷懒，震怒之下鞭挞闵子骞，鞭子打在身上，棉衣里的芦花随风飘落，父亲才知道是后母偏心所致。回家后的父亲怒气冲冲，非要休掉后母。闵子骞劝慰父亲“母在一子单，母去三子寒”，感念于闵子骞的孝，后母也改变了对待闵子骞的态度。

21世纪，科学技术发展迅速，国与国之间的竞争已经转化为科技的竞争、人才的竞争。爱祖国、爱人民、勤奋学习、自强不息是这个崭新的时代赋予大学生的责任和义务。尤其是对祖国的热爱，对于中华优秀文化的传承与热爱，是每一位中华儿女的光荣使命。

另外，孔子的君君臣臣父父子子强调权利义务的双向性，即君王在享受权利的同时，同样要履行君王的义务，这一点在今天看来也是具有进步意义的。权利与义务的关系历来是哲学家关注的焦点之一。“权利是应该受到法律保障的利益、索取或要求，义务应该是受到法律保障的服务、贡献或付出。这表明，权利与义务分属于索取与贡献范畴，因而不过是同一种利益对于不同对象的不同称谓，它对于获得者或者权利主体是权利，对于付出者或义务主体是义务。

一个人的权利，必然是他人的义务，反之亦然。”[①]《中华人民共和国宪法》对于公民的权利和义务也有明确的规定：“凡具有中华人民共和国国籍的人都是中华人民共和国公民。中华人民共和国公民在法律面前一律平等。国家尊重和保障人权。任何公民享有宪法和法律规定的权利，同时必须履行宪法和法律规定的义务。”[②]现实生活中，权利与义务同样是对等的。我们在享受权利的同时也要履行自己的义务。

孔子提出的君君臣臣父父子子思想，在几千年的文明发展中历经演变。汉代董仲舒为了维护封建等级制度，夯实统治基础，将“天”和“人”紧密联系，创立“天人感应”学说，在这一学说中，“君为臣纲、父为子纲、夫为妻纲”的“三纲”思想，是对孔子思想的继承与发展。不过我们应该看到，孔子的理想仁政社会强调的是君臣、夫子权利义务的对等性，尤其强调君的作用。可是董仲舒将孔子这一平等思想抹去，只强调君、父、夫的权利，对于义务却只字不提。随着“罢黜百家”政策的实施，汉代以后儒家思想逐渐成为中国人思想的主流，伴随着儒家思想的传播发展，“三纲”思想成为封建社会人们行为的标准。虽然有利于维护封建统治，但对于平等权利的抹杀，也成为中国封建社会的底色。宋代儒家更是宣扬“存天理灭人欲”，将这种不对等的思想进一步强化，由此衍生出“君叫臣死臣不得不死”的封建愚忠。

孔子的第二个人生理想是安贫乐道的君子生活。虽然孔子的儒学将刚健有为作为基本特征，可是安贫乐道的君子生活才是孔子真正的人生梦想。《论语》中曾经记载孔子与弟子在一起谈论自己的人生理想，在孔子的引导与鼓励之下，弟子们纷纷各抒己见。“子路、曾皙、冉有、公西华侍坐。子曰：‘以吾一日长乎尔，

---

① 王海明：《新伦理学原理》，商务印书馆，2017，第 342 页。

② 《中华人民共和国宪法》第 33 条。

毋吾以也。居则曰：不吾知也。如或知尔，则何以哉？’子路率尔而对曰：‘千乘之国，摄乎大国之间，加之以师旅，因之以饥馑；由也为之，比及三年，可使有勇，且知方也。’夫子哂之。‘求，尔何如？’对曰：‘方六七十，如五六十，求也为之，比及三年，可使足民。如其礼乐，以俟君子。’‘赤，尔何如？’对曰：‘非曰能之，愿学焉。宗庙之事，如会同，端章甫，愿为小相焉。’‘点，尔何如？’鼓瑟希，铿尔，舍瑟而作，对曰：‘异乎三子者之撰。’子曰：‘何伤乎？亦各言其志也！’曰：‘莫春者，春服既成，冠者五六人，童子六七人，浴乎沂，风乎舞雩，咏而归’。夫子喟然叹曰：‘吾与点也。’”[①]通过与弟子的对话，孔子抒发了自己淡泊明志、渴望回归自然的人生理想与境界。

“境界说是中国人生哲学的一大特色，这里所说的境界，是中国哲学家追求的理想人格之极致的一种精神状态、精神天地。宋明理学家经常讨论的一个问题就是孔颜乐处。这种快乐，乐于扬弃了外在之物、外驰之心，自我认识到自身与天道合其德、同其体，也就是直观自身、认同自身，体认到个体自身的内在完美，即自己所具有的真善美高度统一的自由人格。”[②]在中国，源远流长的“君子”之风正是以淡泊明志、志存高远的境界为毕生追求。“君子是中华优秀传统文化的核心概念，是数千年中国优秀传统文化塑造和推崇的人格范式，历代杰出君子身上都颇为明显地体现出三大特质：一是以天下兴亡、匹夫有责为重点的担当精神和家国情怀；二是以正心笃志、立己达人为重点的互助理念和社会关爱思想；三是以自律自省、崇德弘毅为重点的修身要求和向善追求。”[③]

孔子的第三个人生理想是成为第一位教师。孔子生活的年代，王室贵族的地

① 冯国超译注《论语》，商务印书馆，2018，第301页。

② 张岱年、方克立主编《中国文化概论》，北京师范大学出版社，2004，第255页。

③ 吴延芝、孙晓华：《中华传统文化教程》，山东大学出版社，2019，第45页。

位逐渐下降，而新兴地主阶级对于政治地位的要求逐渐提高，对于知识的苛求不断增加。原来附属于贵族的知识分子开始转向地主阶级，接受知识教育的阶层出现下沉趋势。为了适应不断扩大的知识需求，更是为了弘扬儒家思想，孔子在曲阜杏坛设教，成为中国历史上第一位也是最成功的教师。从孔子开始，教书育人在中国被称为“杏坛设教”，孔子的很多教育理念在今天依然被人遵循，成为教育事业的基本理念。

孔子，当世一介布衣，创立儒学，以诗书礼乐教育弟子，授业者3000余人，成就斐然者72位，终成一代教育大师。在教育理念上，孔子的“有教无类”“因材施教”，以及对话式教学方式，都是对于教育理念的丰富、发展，在今天依然有其强烈的借鉴意义。其中，体验式教学对于今天的大学生教育意义非凡。

所谓体验式教学，是指根据学生的年龄、认知特点、个性追求以及认知规律，通过让学生亲身体验，使学生在亲身经历的过程中理解所学内容，加深知识体会，建构知识体系，并形成与社会发展同向的教学方式。这种教学方式，以“体验”为核心内容，通过教师有目的导引、学生亲身参与实践、师生交流感悟三个阶段，有效地把“理论－实践－理论”融会贯通，提高学生学习的效果。体验式教学最大的特点就是大学生亲自参与，学生由传统意义上知识的被动接受者转变为积极主动的实践主体，在获得持久性知识的同时，体会到学习的乐趣。公元前497年，孔子开始带领弟子游历诸国，他们先后去过卫、曹、宋、郑、陈、楚等国，历时14年。游历诸国，目的有两个，第一是推行自己的政治主张，恢复周礼；第二是向诸国国君展示自己的弟子，使弟子增长社会经验，更好实现人生理想。

最后，人生问题论。

“人生问题论，即是关于生活中各种问题之讨论。”[①]人，生活在世界上，总

① 张岱年：《中国哲学大纲》，商务印书馆，2015，第568页。

要遇到这样那样的问题，总会有各种各样的困惑。面对问题与困惑，每个人的态度不同，解决方式不同，由此衍生出各种各样的人生问题论。其中，义与利、理想与现实的关系等普遍存在，也是孔子最为关注的问题之一。

第一个问题是义利问题。义与利的关系问题，是每个人几乎天天都要面对的问题，同时也是古今中外哲学家们共同关注的问题之一。“义”者，宜也，重点关注行为的应当性。“利”者，功利也，重点关注行为的功效性。“辨析义利，是儒家的重要特点，而儒家对义利关系的看法，又对中国传统价值观产生了深远的影响。”[①]孔子重“义”，也由此奠定了儒家“义以为上”的主基调。孔子主张：“君子义以为上。”[②]意思是说但凡君子都非常崇尚道义。

孔子重“义”，同时非常注重“利”的作用，能够辩证地看待义利之间的关系。《论语》中对于义利关系的论述集中在《述而篇》中。如“富而可求也，虽执鞭之士，吾亦为之”[③]。孔子并不排斥正常的“利”的取得，相反，他认为，如果有求得巨大财富的机会，即使是给人去执鞭驾车这样普通的职业，他也是愿意去做的。如果暂时没有这样的机会，那就安心去做自己喜欢的事情就可以了。“富与贵，是人之所欲也；不以其道得之，不处也。”[④]孔子承认人们都有追求物质利益的欲望与渴求，这是人之常情，无可厚非，只是取得利益的方式一定要合于“道”，否则宁可不要。马克思在唯物史观部分，对社会存在与社会意识的关系也做过非常详细的论述。一方面，我们必须承认在两者的关系之中，社会存在起决定性的作用，是社会发展、人类进步的决定性因素。“是人们的社会存在决定社会意识，社会的物质生产力发展到一定阶段，便同它们一直在其中运动的现存生产关系或财

① 张岱年、方克立主编《中国文化概论》，北京师范大学出版社，2004，第 317 页。
② 冯国超译注《论语》，商务印书馆，2018，第 485 页。
③ 冯国超译注《论语》，商务印书馆，2018，第 181 页。
④ 冯国超译注《论语》，商务印书馆，2018，第 87 页。

产关系发生矛盾，于是这些关系便由生产力的发展形势变成生产力的桎梏。那时社会革命的时代就到来了。随着经济基础的变更，全部庞大的上层建筑也或快或慢地发生变革。”[①]

对照宋儒的“存天理灭人欲”，孔子的义利观承认人的正常物质追求，在义与利之间做了平衡，更符合人性需求。相比之下，宋儒的主张明显扼杀了人对于幸福生活的追求，将一切感官享受都归于“人欲”，显然不符合事实，因此，宋儒的主张在明朝中后期资产阶级思想萌芽之后，是作为被批评的对象存在的。

当然，在义与利之间，孔子最看重的还是义。“不义而富且贵，于我如浮云。”[②]如果是由于不当原因而取得的利益，还不如没有。一个人即使是吃最粗糙的饭食，只有冷水喝，家里陈设简单，只能蜷起胳膊来当枕头。“如果是一个道德君子，即使生活在极其贫困的境地，照样可以活得潇洒自如，充满乐趣。这说明，快乐来自心灵的感受，富和贵可以让人快乐，但不是获得快乐的唯一途径，高尚的道德修养照样可以使人快乐，且这种快乐会更持久、更令人向往。”[③]“君子喻于义，小人喻于利。”[④]孔子并不反对人们追求正当的利，可是当“义”和“利”两者发生冲突的时候，孔子认为君子会选择义，而小人选择的则是利。

李大钊作为最早接受马克思主义理论的人，以北京大学为主要根据地，与陈独秀一起宣传马克思主义，成为早期中国马克思主义思想的传播者。李大钊意识到在中国建立无产阶级政党的必要性，力促建立工人阶级自己的政党。“李大钊，1889 年 10 月 29 日出生在河北乐亭县。1913 年从天津北洋法政专门学校毕业后

① 中共中央马克思恩格斯列宁斯大林著作编译局编《马克思恩格斯选集》第 2 卷，人民出版社，2012，第 2 页。
② 冯国超译注《论语》，商务印书馆，2018，第 185 页。
③ 冯国超译注《论语》，商务印书馆，2018，第 185 页。
④ 冯国超译注《论语》，商务印书馆，2018，第 97 页。

入东京早稻田大学政治本科学习。1916年回国后，到北京大学任图书馆主任兼经济学教授，积极投身于正在兴起的新文化运动，成为新文化运动的一员主将。”[①] 20世纪20年代的中国，处于大革命前期的风雨飘摇之中，各种思潮纷纷涌现，目的是拯救危难中的祖国。“在中国早期马克思主义者的队伍中，李大钊等同志属于先驱者和擎旗人。李大钊率先在中国介绍、宣传和研究马克思主义，是20世纪初中国的播火者。他认为只有马克思主义才能救中国，把马克思主义作为世界改造原动的学说。他在《新青年》上发表了著名的《我的马克思主义观》，同时他把实现个人的理想信念与马克思主义理论相结合，与拯救国家民族命运的使命紧密联系，并为之积极践行、矢志不渝。”[②]由于叛徒告密，李大钊被逮捕入狱，面对拷问“概不知之”。“据当时报纸报道，李大钊在受审时‘精神甚为焕发，态度极为镇静，自称为马克思学说之崇信者，故加入共产党，对于其他之一切行为则谓概不知之，关防甚严’。”[③]“他生活俭朴，反对奢靡。他济贫扶危，仗义疏财。当党组织活动经费缺乏的时候，他毫不犹豫倾囊而出，拿出工资进行资助；当贫困的青年学生需要帮助时，他慷慨解囊进行扶助；当同胞和国际友人遇到困难时，他热心捐助以解危困。正因为如此，使得自家的生活难以为继。在他牺牲后，家里的物品只值一元钱，‘一贫如洗，棺椁衣衾，皆为友助’，令人垂泪。”[④]

第二个问题是理想与现实问题。古往今来，理想与现实一直是人们关注的问题。人人都有理想，倘若理想之光可以照进现实，理想与现实实现完美统一，是每个人的梦想。只是，很多时候，梦想与现实步调并不完全一致，很多人终

① 叶介甫：《和李大钊一起慷慨赴死》，《学习时报》2017年5月3日。
② 杨立元、杨春：《李大钊的担当精神之深刻内涵与时代意义》，《光明日报》2019年9月26日。
③ 叶介甫：《和李大钊一起慷慨赴死》，《学习时报》2017年5月3日。
④ 杨立元、杨春：《李大钊的担当精神之深刻内涵与时代意义》，《光明日报》2019年9月26日。

其一生也没有实现自己的梦想。这就使得有些胆怯懦弱之人选择放弃自己的梦想，甚至随波逐流。“法国有位哲学家曾指出，人生幼年时期是神学家，趋于迷信，青年时期是玄学家，喜欢幻想宇宙的大问题，壮年时期是科学家，渐归于平实，实事求是。说青年时期的喜欢玄想，当然是说青年人容易陷于幻想梦想，同时也昭示我们，幻想梦想是人生不可避免的一个阶段。又足见幻想、梦想、理想是青年精神的表现，衰老的民族、懒惰的个人，不但说不上理想，连幻想梦想都缺乏。”①

年轻人不缺乏理想，但是我们也必须清醒地认识到，“理想与现实的合一，并不是唾手可得、不劳而获的。需要长时间的修养，精神上的努力，才可以达到这一种境界”②。如何在理想与现实之间寻找平衡点，是每个人包括大学生都要面对的事情。大学梦始自小学甚至更早，“不能让孩子输在起跑线上”，目标也是入大学。小学、中学阶段，不管是家长、学校还是学生自己，核心就是“高考”。可是一旦升入大学，学生们很快就发现，大学和想象中的并不一样，也会有考勤，也会有人际矛盾，甚至开设的课程、选择的专业并不是自己喜欢的，和自己想象中的大学生活大相径庭。这时候，学生开始出现分化，一部分学生依旧保持着积极进取之心，而另一部分则选择及格万岁、蹉跎岁月。

孔子的身上有一种令人感动的积极进取精神。如果说道家思想宛如一位饱经风霜、睿智老成的智者，那么儒家思想就如同一位年轻有为、踌躇满志的青年，朝着自己的目标奋勇向前，即使明知道在自己有生之年愿望可能无法达成，依旧知其不可为而为之。秉持功成不必在我胸怀，披肝沥胆。

积极进取的人生观是儒家思想与其他学派迥然不同的地方。积极进取是儒

---

① 贺麟：《文化与人生》，商务印书馆，2015，第108页。

② 贺麟：《文化与人生》，商务印书馆，2015，第111页。

家思想的典型特征，也是儒家思想区别于道家思想与其他思想流派的主要标准。周游列国的哲学家孔子，最令人钦佩的就是知其不可而为之的精神。孔子一生遵道而行，修德成己，又以天下为己任，自信天下若按自己提供的方案去治理，很快即可进入太平盛世，于是周游列国，希望各国君主能接受自己的主张。然而列国君主多以利为重，并不真正关心民众疾苦。因此孔子四处碰壁，在外游历十多年，只得失望而返。但是失望并不代表孔子改变了自己的志向，而是始终坚信以天下为己任的家国情怀。这种“知其不可为而为之”的积极进取精神，不管是在孔子时期还是在现代都非常难能可贵，对中华民族的教育理念产生了深远的影响。

2. 孟子：儒家的理想主义流派

“孟子姓孟，名轲，生于公元前390年，卒于公元前305年。孟子是鲁国贵族孟孙氏的后代。他也曾周游列国，到过齐国、宋国，经过滕国、梁国。齐宣王继位时，孟子曾任齐国卿相，后来辞职离齐，回到故乡。孟子一生的实际政治成就史书记载不多，研究孟子的资料，主要是由他自己和他的学生万章等人编成的《孟子》一书。”①孟子是继孔子之后的又一位儒学大师，被后世尊称为“亚圣”。司马迁在《史记·孟子荀卿列传》中说：“孟轲，邹人也，受业子思之门人。道既通，游事齐宣王，宣王不能用。适梁，梁惠王不果所言，则见以为迂远而阔于事情。当是之时，秦用商君，富国强兵；楚魏用吴起，战胜弱敌；齐威王、宣王用孙子、田忌之徒，而诸侯东面朝齐。天下方务于合从连衡，以攻伐为贤，而孟轲乃述唐虞三代之德，是以所如者不合。”②

孟子的人生轨迹与孔子有诸多相似之处，早年发奋刻苦、遍览群书，中年游

---

① 吴延芝、孙晓华：《中华传统文化教程》，山东大学出版社，2019，第67页。

② 司马迁：《史记》，上海古籍出版社，2016，第1761页。

历四方、宣扬儒家思想，晚年教书育人、著书立说，孟子也时常以孔子继承者自居。孟子的历史地位经历了一个逐步抬升的过程。韩愈把孟子列为先秦儒家学者中唯一继承孔子道统的人。自此之后，孟子其人、其思想开始被更多的人所认知。五代时期，后蜀主孟昶下令将《易》《书》《诗》《礼》《周礼》《仪礼》《公羊传》《谷梁传》《左传》《论语》《孟子》十一经书刻石。《大学》和《中庸》被认为是孔子弟子曾参和孔子之孙子思的著作，这样，《孟子》一书便与孔子及孔子嫡系的著作平起平坐。北宋时期，孟子的著作被列入科举考试参考目录，到南宋朱熹时，正式把《孟子》与《大学》《中庸》《论语》等儒家经典著作并列，合称为“四书”。朱熹还为其作注，史称《四书集注》。《四书集注》一直是南宋之后科举考试的唯一参考书目。伴随着科举考试的推行，孟子的地位开始直追孔子，成为儒学正宗。公元 1330 年，元朝统治者为巩固统治，大力吸收汉民族思想文化，孟子被加封为“亚圣公”，自此，孟子正式取得仅次于孔子的儒学宗师地位，孟子的思想也被后世奉为儒学正宗，对中国人的思想产生了巨大而深远的影响。时至今日，孟子的“富贵不能淫、贫贱不能移、威武不能屈”[①]的大丈夫胸怀依然是激励中华民族威武不屈、砥砺前行的精神力量。

孟子的哲学思想，我们分别从人性论、天人关系论以及人生问题论三个方面予以分析。

第一，人性论。

人性观点，是孟子哲学思想的基础。自孔子之后，人性论基本分为以孟子为主的性善论和以荀子为代表的性恶论两种流派。在《孟子・告子上》中，孟子集中阐释了自己对于人性的观点和看法。

---

① 方勇译注《孟子》，中华书局，2010，第 109 页。

首先，性善论。

古今中外，人性论历来是哲学家构筑自己学说体系的基石。《孟子》行文流畅，论述雄辩，以“不忍人之心”为目的，以“乍见孺子将入于井”为切入点，将高深的人性论活灵活现地展现出来。“所以谓人皆有不忍人之心者，今人乍见孺子将入于井，皆有怵惕恻隐之心。非所以内交于孺子之父母也，非所以要誉于乡党朋友也，非恶其声而然也。由是观之，无恻隐之心，非人也；无羞恶之心，非人也；无辞让之心，非人也；无是非之心，非人也。恻隐之心，仁之端也；羞恶之心，义之端也；辞让之心，礼之端也；是非之心，智之端也。人之有是四端也，犹其有四体也。有是四端而自谓不能者，自贼者也；谓其君不能者，贼其君者也。凡有四端于我者，知皆扩而充之矣，若火之始然，泉之始达。苟能充之，足以保四海；苟不充之，不足以事父母。”[①]

在孟子看来，人性本善，这是人与动物的根本区别之一。见到邻居家的孩子落到井里，每个人都会毫不犹豫选择营救。营救孩子的动机并非是要在乡邻中博一个好名声，也并不是为了让孩子的父母给自己一些物质回馈，之所以这样做，只不过是因为怵惕恻隐之心，这就是人性善良最终的源头。由怵惕恻隐之心，孟子引申出仁之四端，即“同情之心，是仁的开始；羞耻之心，是义的开始；谦让之心，是礼的开始；是非之心，是智的开始”[②]。仁、义、礼、智从此作为儒家思想的核心代代相传，汉代董仲舒将其扩展为“仁、义、礼、智、信”，对应于“三纲”，称为“五常”，是封建社会维系人际关系最基本的准则，也成为中华文明代代相传的基因。“性善论对中华民族文化心理的形成，发挥了重要作用。经过性善论的阐发，人人都知道自己有良心，否则为禽兽。如果只图利欲，不听本心本体

① 方勇译注《孟子》，中华书局，2010，第59页。
② 方勇译注《孟子》，中华书局，2010，第60页。

的指挥，虽然可以在利欲方面得到满足，却会引起内心的不安。如果不为利欲所累，反身而诚，虽然可能在利欲上会受到些损失，却会带来内心的愉悦，使自己成为高尚的人、有道德的人。”①

其次，民本思想。

孟子的民本思想是建立在性善论的基础之上。正因为人性本善，孟子要求君王秉持一颗善良的心，与民为善，与民休息，造福于民。民本思想在中国由来已久，以人为本，指的是做事情的根本标准是人。“中国传统文化价值系统的确立，中国传统文化主体内容的嬗变，中国古代各种哲学派别、文化思潮的关注焦点，以及整个中国传统文化的政治主题和价值主题，始终围绕着人生价值目标的揭示、人的自我价值的实现、实践而展开。人为万物之灵，天地之间人为贵，是中国传统文化的基调。”②

中国的民本主义思想，以孔子、孟子、荀子三者最为典型。孔子提出“为政以德居其所而众星共之”③，意思是说如果为政者能够用德治管理国家，那么，这个国家的民众与君主的关系就会非常和谐，民众就会自动聚集在君主身边，就像天上的北极星一样，身边聚拢着很多小星星。荀子的民本主义思想主要体现在将君主与百姓的关系比喻成舟与水的关系。孟子的民本思想则主要体现在他的“民贵君轻”思想。

“民为贵，社稷次之，君为轻。”④意思是说，对于国家治理而言，最应该考虑的是百姓的利益，江山社稷是第二位的，而君主要排在这两者后面。孟子的民本主义思想，在天子威严的古代中国，可谓石破天惊，具有里程碑式的意义。

---

① 张岱年、方克立主编《中国文化概论》，北京师范大学出版社，2004，第375页。

② 张岱年、方克立主编《中国文化概论》，北京师范大学出版社，2004，第290页。

③ 冯国超译注《论语》，商务印书馆，2018，第26页。

④ 方勇译注《孟子》，中华书局，2010，第289页。

另外，孟子主张为君者要时刻将百姓放在心间。“乐民之乐者，民亦乐其乐；忧民之忧者，民亦忧其忧。乐以天下，忧以天下，然而不王者，未之有也。”[①] 意思是说，作为君王“以百姓的快乐为快乐，百姓也以他的快乐为快乐；以百姓的忧愁为忧愁，百姓也以他的忧愁为忧愁。与天下人同乐，与天下人同忧，还不能称王天下的，从来没有过”。[②]孟子这种家国情怀深深影响着中华民族的文化性格，渗透在诗歌里、行为中。北宋范仲淹的“居庙堂之高则忧其民，处江湖之远则忧其君”就包含着对于国家、民生的眷恋与热爱。时至今日，孟子的这种民本主义思想被唯物史观以更科学的方式表达出来，那就是群众观点和群众路线。众所周知，唯物史观是马克思的独创，是马克思主义哲学区别于其他哲学的标志之一。而唯物史观一个非常重要的内容就是群众观点和群众路线。“毛泽东经常强调，要依靠人民，相信人民的创造力是无穷无尽的，同人民打成一片，那就任何困难都能克服，任何敌人最终都压不倒我们。”[③]党的十八大以来，中国共产党更注重与人民群众的密切联系，将人民群众的切身利益当成中国共产党治国理政的头等大事。“在任何时候任何情况下，与人民同呼吸共命运的立场不能变，全心全意为人民服务的宗旨不能忘，群众是真正英雄的历史唯物主义观点不能丢。”[④]

当然，孟子的民本主义思想与封建社会以君主为核心的主流观念不相适应，也曾遭受过打压。明朝朱元璋时期，就因为“民贵君轻”思想，朱元璋下令将孟

① 方勇译注《孟子》，中华书局，2010，第26页。

② 方勇译注《孟子》，中华书局，2010，第28页。

③ 《马克思主义基本原理概论》编写组编《马克思主义基本原理概论（2015年修订版）》，高等教育出版社，2015，第143页。

④ 《马克思主义基本原理概论》编写组编《马克思主义基本原理概论（2015年修订版）》，高等教育出版社，2015，第144页。

子逐出文庙，后经百官劝解，方才收回命令，孟子得以重新配享文庙。

最后，仁政理念。

在人性本善以及民本主义思想的影响之下，孟子主张以“仁政”治理国家。他具体分析了历史上的桀纣等人失去天下的真正原因，认为其就在于不施行仁政，从而失去人心。“桀纣之失天下也，失其民也；失其民者，失其心也。得天下有道：得其民，斯得天下矣。得其民有道：得其心，斯得民矣。得其心有道：所欲与之聚之，所恶勿施尔也。”①以此证明，人心向背历来是国家统治是否稳定的基石，得民心者方能得天下。

孟子同时指出，如果统治者不施行仁政，结果就只能如桀纣一般，失去民心，失去天下。“三代之得天下也以仁，其失天下也以不仁。国之所以废兴存亡者亦然。天子不仁，不保四海；诸侯不仁，不保社稷；卿大夫不仁，不保宗庙；士庶人不仁，不保四体。今恶死亡而乐不仁，是犹恶醉而强酒。”②在孟子看来，仁政的基础是百姓能够安居乐业，一定数量的产业是必不可少的。“无恒产而有恒心者，惟士为能。若民，则无恒产，因无恒心。苟无恒心，放辟邪侈，无不为已。及陷于罪，然后从而刑之，是罔民也。焉有仁人在位罔民而可为也？是故明君制民之产，必使仰足以事父母，俯足以畜妻子，乐岁终身饱，凶年免于死亡。然后驱而之善，故民之从之也轻。”③管仲曾经提出过与孟子相似的观点“仓廪实则知礼节、衣食足而知荣辱”。两者都非常重视资产对于百姓民生的作用。

---

① 方勇译注《孟子》，中华书局，2010，第 136 页。
② 方勇译注《孟子》，中华书局，2010，第 131 页。
③ 方勇译注《孟子》，中华书局，2010，第 44 页。

第二，天人关系论。

首先，积极进取的认识论。

对于人生成长的轨迹，孟子有着十分清醒的认识。他承认人生有很多不可预知的困难与磨难，同时也认为事在人为，只要努力，就没有征服不了的困难。就像历史上的舜帝、管夷吾一样，都有一个克服困难、逐步成长的过程。孟子说："舜发于畎亩之中，传说举于版筑之间，胶鬲举于鱼盐之中，管夷吾举于士，孙叔敖举于海，百里奚举于市。"[①]在孟子看来，历史上很多贤士出身并不高贵，可是他们却难能可贵地保持了积极进取的精神，最终成就自己辉煌的人生。舜成为古代中国统治者的典范，管仲则是辅佐君王的贤相。齐桓公终成一代霸主，与管仲的辅佐有着直接的关系。另外，管仲在齐国大兴鱼盐之利，治理齐国 40 年，国强民富，使齐桓公成为春秋五霸的第一霸，当时的齐国都城临淄居民达 30 多万人，是当时世界上规模最大的城市，同时期的古希腊最兴盛的城邦雅典城人口不足 5 万，即使后来臻于极致的伯里克利（约公元前 495—前 429 年）统治时期的雅典也仅 15 万人左右。另外，管仲辅助齐桓公还有"九合诸侯，一匡天下""尊王攘夷"等功劳。连孔子都不得不赞叹管仲，《论语·宪问》中，孔子说："管仲相桓公，霸诸侯，一匡天下，民到于今受其赐，微管仲，吾其披发左衽矣。"[②]

每个人的出身不同，理想不同，处境不同，但是，每一个人又可以同样收获金灿灿的人生。对于人生路上的挫折，有人垂泪退缩，有人躺平佛系。孟子为我们描绘了一条君子自强不息的进步阶梯。"故天将降大任于斯人也，必先苦其心志，劳其筋骨，饿其体肤，空乏其身，行拂乱其所为，所以动心忍性，曾益其所不能。"[③]

① 方勇译注《孟子》，中华书局，2010，第 253 页。

② 冯国超译注《论语》，商务印书馆，2018，第 380 页。

③ 方勇译注《孟子》，中华书局，2010，第 253 页。

孟子将我们人生中遇到的艰难险阻都当成上天对我们的考验，只有勇敢面对这些考验和挑战，才能迎来辉煌灿烂的明天。孟子的思想，承自孔子“知其不可而为之”又有所创新，奠定了中华文明积极进取的主基调。“中国是世界文明的发源地之一，中国人民以积极进取、自强不息的精神，创造了辉煌灿烂的文明成果，为人类的发展进步做出了巨大的贡献。自强不息的民族精神是中国传统文化的一贯思想，是我们民族文明和觉悟的集中表现，是中华民族始终没有解体、没有屈服，傲然屹立于民族之林的根本原因所在。这一精神，是经过中华民族历史检验并为整个民族所认可的宝贵遗产，是增强民族凝聚力、提高民族自豪感的重要精神资源。”[①]

其次，承认规律的客观性。

唯物辩证法坚持，世界的运行是有规律的。所谓规律，就是事物在运动、变化、发展过程中本质的、必然的、稳定的联系。也就是说，规律是客观存在的，它的存在不以任何人的意志为转移。当然，唯物辩证法在承认规律客观性的同时，认为规律是可以被认知、利用的。都江堰水利工程就是人类认识规律、利用规律的典范。孟子的思想中，我们会发现一些唯物主义认识论的思想萌芽。孟子运用自己独特的行文特点，为我们讲述了一个在中国几乎人尽皆知的故事——拔苗助长。《孟子·公孙丑上》中记载：“宋人有悯其苗之不长而揠之者，茫茫然归，谓其人曰：‘今日病矣，予助苗长矣！’其子趋而往视之，苗则槁矣。天下之不助苗长者寡矣！以为无益而舍之者，不耘苗者也；助之长者，揠苗者也；非徒无益，而又害之。”[②]孟子用宋人拔苗助长的故事告诉人们，规律客观存在，人可以认识、利用，但不能破坏，更不能妄图消灭规律。

---

① 吴延芝、孙晓华：《中华传统文化教程》，山东大学出版社，2019，第 65 页。

② 方勇译注《孟子》，中华书局，2010，第 49 页。

再次，事物是多样性的统一。

孟子在同许子的论战中，专门针对许子关于万物统一说进行驳斥。在许子看来，“市场上物品的价格统一，全国就不会有欺伪，即便是小孩子到了市场上，也没有人会欺负他。布匹丝绸长短一样，价格就一样；麻线丝棉分量相同，价格也一样；粮食分量一样，价格也一样；鞋子大小一样，价钱也相同”[①]。在孟子看来，万事万物是多样性的统一。我们既要承认事物的统一性，也要承认事物的多样性。如果强行将世界这样统一起来就会天下大乱。

马克思主义创始人已经意识到事物存在的多样性与统一性之间的关系，尤其是在社会主义道路选择、发展模式问题上，社会主义道路不是单一的，而是多样性的。列宁说：“一切民族都将走向社会主义，这是不可避免的，但是一切民族的走法却不会完全一样，在民主的这种或那种形式上，在无产阶级专政的这种或那种形态上，在社会生活各方面的社会主义改造的速度上，每个民族都会有自己的特点。”[②]我们看到，当今世界各国，即使是社会主义国家，也都在坚持社会主义基本原则的基础上，谋求适合本国国情的发展道路，中国也是如此。“在社会主义发展过程中，由于各国国情的特殊性，即经济、政治、思想文化的差异性，生产力发展水平的不同，无产阶级政党自身成熟程度的不同，阶级基础与群众基础的构成状况的不同，革命传统的不同，以及历史和现实的、国内和国际的各种因素的交互作用，社会主义发展道路必然呈现出多样性的特点。”[③]

---

① 方勇译注《孟子》，中华书局，2010，第 49 页。

② 中共中央马克思恩格斯列宁斯大林著作编译局编《列宁选集》第 2 卷，人民出版社，2012，第 777 页。

③ 《马克思主义基本原理概论》编写组编《马克思主义基本原理概论（2015 年修订版）》，高等教育出版社，2015，第 265 页。

最后，认识世界的最终目的是改造世界。

孟子在当时已经意识到，人们发现规律、认识世界，最终的目的是改造世界。“当尧之时，天下犹未平，洪水横流，泛滥于天下。草木畅茂，禽兽繁殖，五谷不登，禽兽逼人。兽蹄鸟迹之道，交于中国。尧独忧之，举舜而敷治焉。舜使益掌火，益烈山泽而焚之，禽兽逃匿。禹疏九河，瀹济漯，而注诸海；决汝汉，排淮泗，而注之江，然后中国可得而食也。当是时也，禹八年于外，三过其门而不入，虽欲耕，得乎？”[①]通过这段文字，我们可以很清晰地得出结论：孟子已经意识到改造世界才是人类最终的目的。尧统治时期，洪水肆虐，严重威胁到人们的安全。人们只是采用堵的办法，水患并没有被控制住，后来，禹采用疏的方式，将水引入大海，水患从此绝迹。为了治理水患，大禹殚精竭虑，曾经三过家门而不入。水患绝迹之后，人们开始在土地上安居乐业，勤于耕种，奠定了中国农耕文明的基础。

在马克思主义认识论看来，人们认识世界的最终目的就是改造世界，认识世界和改造世界既有区别又有联系，认识世界是改造世界的前提和基础，当然，人们也只有在改造世界的过程中才能不断纠正自己的错误认知，更好地认识世界。“人类为了繁衍、生存和发展，从事着各种各样的活动，可以说无奇不有、数不胜数。但是，如果从认识论的角度来看，不外两种活动，即认识世界和改造世界。认识世界和改造世界是人类创造历史的两种基本活动。认识的任务不仅在于解释世界，更重要的在于为改造世界提供理论指导。”[②]

① 方勇译注《孟子》，中华书局，2010，第 96 页。

② 《马克思主义基本原理概论》编写组编《马克思主义基本原理概论（2015 年修订版）》，高等教育出版社，2015，第 90 页。

第三，人生问题论。

人生问题论历来是中国思想家关注的重点问题。孟子承袭了孔子重今生而非来世的观点，在人生问题上提出了迄今依然具有重要意义的思想。

首先，以天下为己任的博大胸怀。

在与万章的对话中，孟子阐述了君子当以天下为己任的思想。“思天下之民匹夫匹妇有不与被尧舜之泽者，若己推而内之沟中，其自任以天下为重也。”[①]意思是说伊尹只要想到天下还有尚未吃饱穿暖的贫寒之人，就夜不能寐，感觉自己还有很多事情要做，伊尹就是这样挑起了辅佐天子、治理国家的重担。作为商朝的开国元勋，伊尹始终以天下为己任，他整顿吏治，发展经济，为商朝的发展繁荣鞠躬尽瘁，是中国历史上著名的贤相。孟子借用勤于政务辅佐君王的伊尹，阐明儒家一脉相承的以天下为己任的家国情怀。这种家国情怀激励一代又一代中华儿女为了祖国的繁荣昌盛贡献自己的青春与智慧。

戚继光是明朝时期著名的抗倭英雄，为了抵御倭寇对中国东部沿海的侵扰，他毅然组建戚家军，立志将倭寇驱逐出中国领海。嘉靖四十二年（1563），戚继光与福建总兵俞大猷、广东总兵刘显等创平海卫大捷，从此倭患终被荡平。平定倭寇之后，面对随之而至的高官厚禄，戚继光坚持“封侯非我意，但愿海波平”。这句诗让浓厚的家国情怀扑面而来，即使今天，我们读到这样的诗句，依然会心生感慨。

在《孟子·离娄下》中，孟子提到：“禹思天下有溺者，由己溺之也；稷思天下有饥者，由己饥之也；是以如是其急也。”意思是说，禹一想到天下百姓还有遭受水灾之患的，就会迫不及待去拯救，而后稷一想到天下还有吃不饱的人，仿佛自己挨饿一般。袁隆平的禾下乘凉梦，也抒发了这样一种济世苍生的大美情怀。

---

① 方勇译注《孟子》，中华书局，2010，第4页。

有天下情怀的人，绝不会放任百姓吃苦挨饿而袖手旁观。“袁隆平一生致力于杂交水稻技术的研究、应用与推广，长期奋战在农业第一线。他曾种下两个梦。一个是禾下乘凉梦，梦想试验田的水稻像高粱那么高，穗子像扫把那么长，颗粒像花生那么大；另一个是杂交水稻覆盖全球，保障国家和世界的粮食安全。在他的心里，国家利益重，科学事业重，名利却最轻。他一生扎根在稻田之间，实现了千百年来人民心中最朴素的愿望，攻克了曾经绊倒半个地球的难题，让上亿人口摆脱饥饿。如今，杂交水稻双季亩产已突破1500公斤大关，中国人牢牢端稳中国碗，中国碗里装满中国粮。耄耋之年仍投身稻田之间，这位‘90后’，成为中国人心中真正的巨星。”①

其次，舍生取义、舍我其谁的浩然正气。

孟子继承了儒家思想中对于自身道德修养问题的重视，特别强调个体存在的精神价值与社会贡献，重视人的社会责任感。孔子认为“三军可夺帅也，匹夫不可夺志也”②，此话的目的在于强调志向对于人的重要性以及崇高性，由此奠定了儒家思想重视社会责任的基调。“孟子在孔子这种人格精神基础上，展开了对于人格的高扬。”③浩然正气是孟子对于人格世界的最高理想，是指以人性之善为基础的敢于坚持一切真理的纯而盛的道德情感。在《孟子·公孙丑上》中，孟子借用与公孙丑的对话，说出了自己对于浩然之气的理解：“我善养吾浩然之气。”④当别人问他何谓浩然之气，孟子这样回答：“难言也。其为气也，至大至刚，以直养而无害，则塞于天地之间。其为气也，配义与道；无是，馁也，是集义所生者，非

① 《“杂交水稻之父”袁隆平：禾下乘凉梦 丹心映青田》，2021年5月23日，http://www.hinews.cn/news/system/2021/05/23/032557571.shtml。

② 冯国超译注《论语》，商务印书馆，2018，第250页。

③ 方勇译注《孟子》，中华书局，2010，第4页。

④ 方勇译注《孟子》，中华书局，2010，第48页。

义袭而取之也。行有不慊于心，则馁矣。”[①]意思是说浩然之气是很难说清楚的。“它作为气，最广大最刚强，用政治来培养它而不加伤害，就会充满在天地之间。这种气，与义和道相配合，没有它，就没有力量。它是正义在心中积累的结果，并不是偶然形成的。如果行为使心里充满了愧疚感，就没有力量了。”[②]一个人一旦有了浩然正气，就拥有了面对一切困难与挫折的勇气，面对外界的诱惑抑或威胁，都能镇定自若。文天祥用自己的生命为孟子的浩然正气做了最好的注脚。抗击元军的行动失败之后，文天祥被捕入狱，面对敌人的威逼利诱祥丝毫没有妥协，在写下著名的“人生自古谁无死，留取丹心照汗青”的千古诗句之后，慷慨赴死。文天祥用鲜血和生命向我们昭示：浩然之气长存心间。

再次，得天下英才而教育之的人生理想。

孟子的人生轨迹与孔子、王阳明等有很多相似之处。他们都在年轻时四处游历宣传自己的思想、建功立业，年老归家，著书立说，教授学生，弘扬思想。孟子的思想以“仁政”为特色，尽管孟子为此呕心沥血，劝说君王行仁政，可是事实并非如他所愿。春秋战国时期，诸侯忙于征战各国，扩大自己的势力范围，对于仁政根本无暇顾及，正如孟子自己所言“春秋无义战”。尽管如此，孟子依然不遗余力地宣扬自己的思想。及至晚年，孟子回到故乡，教书育人，另外与万章等人一起整理阐发孔子的思想，写成《孟子》一书传世，历经后世浮沉，在宋代以后逐渐被抬升到仅次于孔子的“亚圣”地位，成为儒家思想的主流和正宗。

孟子对于自己的教师的身份非常满意，他认为这是一个能够施展人生抱负的职业，是自己毕生快乐的源泉。“君子有三乐，而王天下不与存焉。父母俱存，兄弟无故，一乐也。仰不愧于天，俯不怍于人，二乐也。得天下英才而教育之，三

① 方勇译注《孟子》，中华书局，2010，第 49 页。
② 方勇译注《孟子》，中华书局，2010，第 54 页。

乐也。”[1]孟子提出，君子有三件值得开心的事情，第一件事情是与家中父母兄弟和睦相处，尽享人间亲情；第二件事是不管自己说什么做什么都谨守道德底线，无愧于天地，更无愧于自己的良心；第三件让人开心的事情就是“得天下英才而教育之”。如果说第一、二件事情是几乎每个人都能够做到，但第三件事情却是可遇而不可求的。教师这种职业由来已久，孔子之前人们以吏为师，孔子开私塾之先河，被人们称为中国的第一个教师。教师有自己的职业道德和修养，对于教师来说，最快乐的事情莫过于培养出一位优秀的学生，这样的学生既能承继自己所传授的知识，在此基础上还可以守正创新。

在欧洲哲学发展史上，柏拉图不仅继承发展了苏格拉底的思想，他自己也是一位教师。据史料记载，“公元前 387 年，柏拉图在雅典纪念英雄阿加德穆的圣殿附近的园林中创建了一所学院，这所学院称得上是欧洲历史上第一所固定的学校。学生不限于雅典，而来自四面八方。学习的科目也不局限于哲学，而包括数学、天文学、物理学等一系列柏拉图所谓的辅助学科在内”[2]。亚里士多德学识渊博，恩格斯曾经称赞他是古希腊哲学家中最有才华的博学者。亚里士多德除去研究之外，还在吕克昂创办了一所学校。亚里士多德在那里“从事教学和科学研究活动达 12 至 13 年之久，吕克昂附近有一座阿波罗神庙，有可供散步的林荫道。据说，亚里士多德和他的学生们喜欢在林荫道上一边散步一边讲学讨论，所以他们的学派也被称为逍遥学派”[3]。

中国明代的王阳明是一位传奇式的知识分子，他的身上，完美地展现了古代“立德、立功、立言”三种伟大成就的结合。“早在孔子之前，鲁国大夫叔孙豹就

① 方勇译注《孟子》，中华书局，2010，第 266 页。
② 全增嘏主编《西方哲学史》，上海人民出版社，1983，第 131 页。
③ 全增嘏主编《西方哲学史》，上海人民出版社，1983，第 172 页。

提出过立德、立功、立言的三不朽思想，所谓‘太上有立德，其次有立功，其次有立言，虽久不废，此谓三不朽’。由此形成一种以道德为首要取向的具有坚定节操的文化性格，为追求仁道，虽箪饭陋巷，不改其乐，这是一种道德至上的价值取向与文化追求。”[①]于“立德”而言，王阳明在贵州龙场悟道之后，提出心学修行的“知行合一”，即理论要与实践相结合的原则。于“立功”而言，王阳明作为一介书生，曾经多次带兵平叛，以极小的人员损失换来疆土安宁。立言方面，王阳明潜心心学研究，为儒学在明清时期的复兴做出卓越贡献，弥补了程朱理学很多方面缺陷与不足。可是王阳明最看重的还是自己的教师身份。据史料记载，公元 1528 年农历十月末，自感时日无多的王阳明离开广西，目的地是浙江余姚的老家。“在王阳明人生最后也是最宝贵的时光里，他仍不忘谆谆告诫弟子们要好好致良知。他强撑着病体给他的弟子聂文蔚写信，申明‘事上磨炼‘的真谛。又给浙江余姚老家的弟子们写信，信中总是追问弟子们的学业是否有进展。1528 年农历 11 月 25 日，王阳明乘船抵达南安。岸上亦有多名弟子在等候他，但他没有上岸，并非他不想上岸，他现在最想做的事就是舍筏登岸和弟子们讨论心学。”[②]由此也可以看出，虽然历经世事沧桑，最让王阳明阅尽千帆归来仍然放不下的，依然是为人师表的事业。

最后，“富贵不能淫，贫贱不能移，威武不能屈”[③]的大丈夫人格。

孟子为了说明自己心目中的大丈夫形象，首先驳斥了景春把公孙衍、张仪之流贵为大丈夫的说法，坚持那种靠武力与镇压得来的权势与大丈夫格格不入。继而，孟子阐述了自己关于大丈夫的认定原则。在孟子看来，衡量一个人是不是大

---

① 张岱年、方克立主编《中国传统文化概论》，北京师范大学出版社，2004，第 211 页。

② 度阴山：《知行合一王阳明》，北京联合出版公司，2014，第 238 页。

③ 方勇译注《孟子》，中华书局，2010，第 109 页。

丈夫，要从富贵、贫贱、威武三个角度去衡量。一个真正的人，金银财宝、功名利禄没办法让他动心，即使身处贫困境地，也要坚守自己做人的原则，另外，在面对强权势力威逼利诱时也没办法让他屈服，这样的人才是真正的大丈夫。

孟子成功塑造了中国人心目中的大丈夫形象。他是真诚的，活生生的，有血有肉的，就如同我们每一个人，也会有功名利禄与身处贫困的选择，也会有出卖灵魂与坚守初心的纠结。孟子的“大丈夫”告诉我们应该如何去做选择。就如同鱼和熊掌，两者都是我想要的，但如果只能择其一，舍生取义是我必然的选择。尤其是在面对国家利益与个人荣辱的选择问题上，国家利益永远是我们要用生命去捍卫的底线。南宋时期的岳飞，为了抗击北方少数民族的侵扰，组建岳家军，战斗在抗金一线，功勋卓著，备受百姓与将士们爱戴。昏庸的皇帝为了自己的统治，用 12 道金牌将岳飞召回并杀死在风波亭。千百年来，在中国人心目中，岳飞一直是精忠报国的标志。而出卖国家利益、投敌叛国、参与杀害岳飞的秦桧夫妇，一直是以跪像的形式存在于杭州西湖岸边，备受后人唾骂。民心向背历来如此。“孟子的这种伟大人格，早已积淀在华夏民族文化中，感染、熏陶着亿万中国人。特别是在民族危亡的紧要关头，涌现出了无数具有民族气节的有骨气的英雄。他们继承了孟子的人格精神，直到今天，每一个有良知的中国人身上还流淌着孟子的这种血液。”①这种浩然正气激励着中国人时刻以天下为己任，舍生取义，杀身成仁，成就了可歌可泣的中华民族精神。

3. 荀子：儒家的现实主义流派

荀子，是孟子之后又一位儒学大师。荀子的思想师从儒家，但又与传统的儒家思想多有不同。在《史记》中，司马迁是将孟子与荀子并列的，编为《孟子荀卿列传》。自从唐朝时期韩愈将孟子抬到“亚圣”的地位之后，荀子的地位日益边

① 方勇译注《孟子》，中华书局，2010 年版，前言第 4 页。

缘化。宋代大文豪苏轼也曾经明确表达过自己不喜欢荀子的思想。

《史记》中，司马迁如此描述荀子："荀卿，赵人。年五十始来游学于齐。驺衍之术迂大而闳辩；奭也文具难施；淳于髡久与处，时有得善言。故齐人颂曰：'谈天衍，雕龙奭，炙毂过髡。'田骈之属皆已死齐襄王时，而荀卿最为老师。齐尚脩列大夫之缺，而荀卿三为祭酒焉。齐人或谗荀卿，荀卿乃适楚，而春申君以为兰陵令。春申君死而荀卿废，因家兰陵。李斯尝为弟子，已而相秦。荀卿嫉浊世之政，亡国乱君相属，不遂大道而营于巫祝，信禨祥，鄙儒小拘，如庄周等又滑稽乱俗，于是推儒、墨、道德之行事兴坏，序列著数万言而卒。因葬兰陵。"[①]

从司马迁的记述中我们可以发现，他对荀子非常推崇，将荀子与孟子并列作传。荀子非常有才华。年少时四处游学，增长知识。后由于才华横溢曾经三次担任稷下学宫的祭酒，也就是最高长官。稷下学宫是世界上最早的官办高等学府和我国最早的社会科学院、政府智库，始建于齐桓公田午时期，位于齐国国都临淄（今山东省淄博市临淄区）稷门附近。中国学术思想史上这场不可多见、蔚为壮观的"百家争鸣"，是以齐国稷下学宫为中心的。它作为当时百家学术争鸣的中心园地，有力地促成了天下学术争鸣局面的形成。在稷下学宫，思想自由，每个人都可以尽情表达自己的见解、思想，针对天下提出自己的治理方案。正是由于思想自由，稷下学宫也成为中国古代思想黄金时代——百家争鸣的发源地。荀子能够三次担任这种官办国家最高学府的最高领导，学识可见一斑。后来，荀卿由于遭人谗言，离开稷下学宫担任兰陵令，主政兰陵期间，轻徭薄赋，与民休息。春申君去世之后，荀卿被罢官，退而著作讲学。李斯、韩非就是其中的佼佼者。二人继承并发展了老师荀子的性恶理论，并在此基础上建立了法家思想。众所周知，法家思想就是建立在人性的基础之上。法家思想与儒家截然不同，儒家思想认为

① 司马迁：《史记》，上海古籍出版社，2016，第1761页。

人性本善，因此，主张德治天下；而法家从人性本恶的角度出发，主张治理国家要用暴政和酷刑。法家思想的产生有其独特的时代背景，在春秋战国时期，“春秋无义战”，诸侯各国为争夺疆土连年发动战争，环伺四周，企图吞并其他国家。在这样的历史背景下，法家思想迎来高光时刻。商鞅正是运用法家思想，在秦国整饬吏治，颁布法令，实行变法，才使得秦国从战国七雄中实力最弱的国家一举吞并其他六国，统一天下，从而奠定了中华民族统一的多民族国家的主基调。

荀子的哲学思想博大精深，其著作主要为《荀子》。《荀子》是战国时期荀子和弟子们整理或记录他人言行的哲学著作。《荀子》全书一共 32 篇，其观点与荀子的一贯主张是一致的。荀子的文章擅长说理，组织严密，分析透辟，善于取譬，常用排比句增强气势，语言富赡警炼，有很强的说服力和感染力。

荀子的哲学思想主要包括以下几点。

第一，本体论：唯物主义思想。

荀子的唯物主义思想，属于典型的古代朴素唯物主义思想，主要表现在三点。

首先，天道自然。

所谓天道自然，就是自然界的运行有自己的规律，没有另外的神秘力量的支配者。在荀子看来，天为自然之天，这一点与孔孟之天有着很大区别。因为主流儒家思想更容易把天赋予道德色彩，尤其是孟子。除了承认天的自然属性之外，孟子非常强调天的道德属性。在荀子看来，天就是纯自然的天，天没有喜怒哀乐，没有道德命令，没有是非善恶。

其次，天行有常。

在荀子看来，自然界中没有超验的神秘存在，天也不是令人敬畏、神秘莫测的，而是始终按照一定规律不断运动变化的。人不可以违背规律，但却可以认识、利用规律为人类服务。按照唯物辩证法的观点，规律是客观的，是不以任何人的意志为转移的。

最后，制天命而用之。

这一点是荀子思想的精华所在。早在春秋战国时期，荀子就已经意识到人们可以认识规律并利用规律，在制天命而用之的过程中，主观能动性的发挥起着巨大的作用，荀子较早地意识到主观能动性的作用。“承认规律的客观性，并不是说人在规律面前是无能为力的。人们通过活动能够认识规律和利用规律。其中，尊重客观规律与发挥人的主观能动性是辩证统一的。实践是客观规律性与主观能动性统一的基础。”[①]当然，要正确认识客观规律，发挥主观能动性，需要注意以下几点：第一，“从实际出发，努力认识和把握事物的发展规律”[②]。从实际出发、实事求是，是我们正确认识事物的前提和基础。第二，“实践是发挥人的主观能动性的基本途径”[③]。主观意识毕竟是一种精神的力量，要想把理想变成现实，实践是最主要的途径。古今中外的哲学家无不重视实践对于认识世界和改造世界的作用。另外，“主观能动性的发挥，还依赖于一定的物质条件和物质手段”[④]。时代不同，科学技术水平不同，人类所拥有的认识自然和改造自然的能力也就不同，自然而然的，认识和改造世界的能力也就不同。

第二，人性观：人性虽恶，人人可以为善。

荀子的人性论与传统儒家的人性论颇有不同。孔子尤其是孟子是典型的性善

---

① 《马克思主义基本原理概论》编写组编《马克思主义基本原理概论（2015 年修订版）》，高等教育出版社，2015，第 31 页。

② 《马克思主义基本原理概论》编写组编《马克思主义基本原理概论（2015 年修订版）》，高等教育出版社，2015，第 31 页。

③ 《马克思主义基本原理概论》编写组编《马克思主义基本原理概论（2015 年修订版）》，高等教育出版社，2015，第 31 页。

④ 《马克思主义基本原理概论》编写组编《马克思主义基本原理概论（2015 年修订版）》，高等教育出版社，2015，第 31 页。

论者。孟子认为人性本善，所以要用有德行的人来治理国家，对于百姓要施行仁政。荀子的性恶论是中国较早出现的人性恶观点，奠定了法家思想的基础，荀子的人性恶观点主要分布在《性恶篇》《正名篇》中。《荀子·性恶》开宗明义："人之性恶，其善者伪也。"[①]荀子认为人性是恶的，那些看起来善良的举动无外乎是人们故意为之而已。荀子这样论述他的观点："今人之性，生而有好利焉，顺是，故争夺生而辞让亡焉；生而有疾恶焉，顺是，故残贼生而忠信亡焉；生而有耳目之欲，有好声色焉，顺是，故淫乱生而礼义文理亡焉。然则从人之性，顺人之情，必出于争夺，合于犯分乱理而归于暴。故必将有师法之化，礼义之道，然后出于辞让，合于文理，而归于治。用此观之，然则人之性恶明矣，其善其伪也。"[②]意思是说，每个人自从一出生就有争权夺利之心，如果任由其泛滥，推辞谦让就会被争夺抢掠取代；每个人一出生就有嫉妒憎恨之心，如果任由其泛滥，信任和谐就会被残酷陷害取代；每个人一出生就喜欢各种令五官愉悦的东西，如果任由其泛滥，谦谦之风就会被淫荡混乱取代。荀子认为，不能任由人的本性不加约束地发展下去，而要以一定的礼义法度去约束人们的言行，让人们尊礼守法，只有这样，社会才会安定太平，人们才能安居乐业。由此证明，人们的本性是恶的，只有依靠后天的约束控制，善良行为才会出现。

另外，荀子还驳斥了孟子的性善论主张。孟子曰："今人之性善，将皆失丧其性故也。"[③]孟子认为人性本善，之所以后天作恶，完全是因为作恶的人丧失了原来的本性。荀子驳斥了孟子的观点，他认为："孟子曰：'人之性善。'曰：是不然。凡古今天下之所谓善者，正理平治也；所谓恶者，偏险悖乱也。是善恶之分也矣。

① 张觉撰《荀子译注》，上海古籍出版社，2012，第336页。
② 张觉撰《荀子译注》，上海古籍出版社，2012，第336页。
③ 张觉撰《荀子译注》，上海古籍出版社，2012，第338页。

今诚以人之性固正理平治邪？则有恶用圣王，恶用礼义矣哉？虽有圣王礼义，将曷加于正理平治也哉？今不然，人之性恶。故古者圣人以人之性恶，以为偏险而不正，悖乱而不治，故为之立君上之势以临之，明礼义以化之，起法正以治之，重刑罚以禁之，使天下皆出于治，合于善也。是圣王之治而礼义之化也。今当试去君上之势，无礼义之化，去法正之治，无刑罚之禁，倚而观天下民人之相与也。若是，则夫强者害弱而夺之，众者暴寡而哗之，天下悖乱而相亡，不待顷矣。用此观之，然则人之性恶明矣，其善者伪也。”[①]在荀子看来，正因为世上有弯曲的木料，才有了整形器的产生，正因为人性本恶，世上才有了圣君明主彰显正义。人们的善良行为，无外乎是遵守法纪理度的结果。

荀子的性恶论是其政治思想的基础。荀子认为虽然人性本恶，可是经过后天教育，让人们遵守法纪，人人都可以成为善良的人。“为了改变人性之恶，他特别强调后天的环境和教育的影响，主张求贤师、择良友。”[②]因此，荀子特别强调“礼”对于日常生活的重要性，而“礼”可以比较直观地理解为今天的法律、法度。“荀子所谓礼，范围甚广，凡生活行为的规律条例，都是礼。伦与制都是礼，道德准则、社会制度皆是礼。荀子重视礼，其真实意思是注重人群之组织与秩序，他以为人群之组织与秩序，是至极重要的，其余都是次要的。”[③]众所周知，日常行为中，约束人们的行为规范有两种：道德和法律。相较于法律，道德是一种柔性约束，它的判断标准是“善与恶”，道德的保障力量是社会舆论、内心信念以及人们自古传承而来的行为习惯。而法律却不尽然，作为统治阶级意志的集中表现，法律是一种刚性约束。法律的背后是国家强制力的支撑，法律判断人们行为的标准

① 张觉撰《荀子译注》，上海古籍出版社，2012，第338页。
② 张觉撰《荀子译注》，上海古籍出版社，2012，第336页。
③ 张岱年：《中国哲学大纲》，商务印书馆，2010，第474页。

是“合法与违法”，军队、警察、法庭、监狱等国家暴力机关是法律得以顺利实施的最佳保障。

荀子特别强调法律的作用，当然，作为传统儒家思想的代表，在君子之治和良法之治中间，荀子选择了前者。他认为，在良法与君子的选择上，君子比良法更为重要。“有乱君，无乱国；有治人，无治法。羿之法非亡也，而羿不世中；禹之法犹存，而夏不世王。故法不能独立，类不能自行；得其人则存，失其人则亡。”①这非常典型地体现了荀子的法律观。意思是说，没有放之四海而皆准的法律，国家情况不同，适用的法律就应该不同，但是，君子之治却是天下长治久安的根本。法律只是国家安定、民众安心的辅助，明君才是根本。就如同“后羿的射箭方法没有失传，但后羿并不能使世世代代的人都百发百中；大禹的法制仍然存在，但夏后氏并不能世世代代称王天下。所以法制不可能单独有所建树，律例不可能自动被实行，得到了那种善于治国的人才，那么法制就存在，失去了那种人才，法制也就灭亡了”②。法制，是政治的开头，君子，是法制的本原。

荀子在德治与法治中间做了一个完美的平衡，在他看来，法治是德治的保障，德治是法治的根本。也正是从这个意义上来说，荀子依然属于儒家派别。“德治”这一思想最早源于孔子，即“道之以政，齐之以刑，民免而无耻；道之以德，齐之以礼，有耻且格”③。其基本观点是以道德教化为主要的经世治国手段，追求道德的协调，利用道德的内在约束力来达到稳定社会、促进社会进步和发展的目的。“孔子德治将道德与政治紧密、有机地联系在一起，使得许多道德规范成为政治信条，这就在客观上将道德置于上位，成为维系社会稳定、实行有效统治的工具。

① 张觉撰《荀子译注》，上海古籍出版社，2012，第163页。

② 张觉撰《荀子译注》，上海古籍出版社，2012，第163页。

③ 冯国超译注《论语》，商务印书馆，2018，第28页。

由孔子开始形成的重视道德教化的中国传统儒家德治思想，对于维护社会稳定起了重要作用，也为中国赢得了礼仪之邦的美誉。随着社会的演进和发展，儒学德治思想中的道德传统逐渐发展形成中华传统文化的道德精神，并渗透于各个文化领域，凝聚着中华民族的性格，积淀着中华民族的心理，塑造着中华民族的灵魂，在中华民族的长期发展中起着稳定秩序、促进民族凝聚的作用。作为中华民族的主要价值取向和道德要求，经过长达两千年的时间洗礼，儒家德治思想已渗透到中华民族的血液中，铸就了中华民族的特有品质，在中华民族的是非标准、价值观念、思维方式、心理结构及文化教育等方面留下深深的烙印，许多已经转化为习焉不察的认知标准和生活习惯。因此，儒家德治思想仍然在政治和日常生活中以独特的方式发挥着作用。中国因此历来以'礼仪之邦'著称于世，而且颇得各国的认同。"[①]

第三，认识论：循序渐进。

荀子的认识论，集中体现在《荀子》的第一篇《劝学》中。《劝学》旨在鼓励人们认真学习，荀子的学习并不局限于课本知识，还包括修身、养道等方面。

首先，人类认识的渐进性。

在《劝学》篇中，荀子这样论述学习的渐进性与持续性。"积土成山，风雨兴焉；积水成渊，蛟龙生焉；积善成德，而神明自得，圣心备焉。故不积跬步，无以至千里；不积小流，无以成江海。骐骥一跃，不能十步；驽马十驾，功在不舍。锲而舍之，朽木不折；锲而不舍，金石可镂。蚓无爪牙之利，筋骨之强，上食埃土，下饮黄泉，用心一也。蟹六跪而二螯，非蛇鳝之穴无可寄托者，用心躁也。是故无冥冥之志者，无昭昭之明；无惛惛之事者，无赫赫之功。"[②]在实际生活中，

---

① 张岱年、方克立主编《中国文化概论》，北京师范大学出版社，2004，第 324 页。

② 张觉撰《荀子译注》，上海古籍出版社，2012，第 4 页。

无论学习还是其他事情，其实都需要一个量的积累过程。唯物辩证法认为，任何事物的发展变化首先始于量变。量变是一种渐进的不显著的变化，量在一定程度上的增加或者减少不会影响到事物的本质。当量的积累突破度达到质变之后，事物的发展过程有了质的飞跃，一事物转化为另外一个事物，质变是一种连续性的中断。质变又会带来新的量变。在这其中，量的积累是事物发展变化最终的原因。就如同荀子所讲，只有泥土积攒得多了，才会有山的出现，溪流聚在一起成为江海才有可能生成蛟龙，即使是劣马，连续不断地奔跑，十天之内也能跑完千里路程。“所以，没有潜心钻研的精神，就不会有洞察一切的聪明，没有默默无闻的工作，就不会有显赫卓著的功绩。”①

在荀子看来，人对世界的认识是一个持续不断的渐进过程。这也符合马克思主义认识论关于认识规律的论述。马克思主义认为，“真理是一个过程，就真理的发展规程以及人们对它的认识和掌握程度来说，真理既具有绝对性又具有相对性，这是真理问题上的辩证法，任何真理都是绝对性与相对性的统一。”②任何真理在具有绝对性的同时也必然具有相对性。“真理的相对性具有两个方面的含义。一是真理所反映的对象是有条件的、有限的。由于任何真理都会受到人类实践水平和范围以及认识能力的限制，它只能是对无限的物质世界发展的某一方面、某一阶段、某一层次的认识。二是真理反映客观对象的正确程度也是有限的、有条件的。”③伴随着人类认识能力的持续进步，人类对于未知世界的探索也在不断加深，知识的积累会日渐丰富，世界在人们面前会越来越清晰、美好。

---

① 张觉撰《荀子译注》，上海古籍出版社，2012，第 5 页。

② 《马克思主义基本原理概论》编写组编《马克思主义基本原理概论（2015 年修订版）》，高等教育出版社，2015，第 75 页。

③ 《马克思主义基本原理概论》编写组编《马克思主义基本原理概论（2015 年修订版）》，高等教育出版社，2015，第 76 页。

其次，实践对于认识的作用。

荀子非常注重实践在认识中的决定作用。“吾尝终日而思矣，不如须臾之所学也；吾尝跂而望矣，不如登高之博见也。登高而招，臂非加长也，而见者远；顺风而呼，声非加疾也，而闻者彰。假舆马者，非利足也，而致千里；假舟楫者，非能水也，而绝江河。君子生非异也，善假于物也。”[①]荀子认为，与其终日闭门苦思，倒不如走出书斋向实践学习，与其踮起脚尖努力张望，倒不如亲自登上高处，环望世界，这样更容易理解我们生活的世界。从这儿我们可以看出，荀子对于学习的态度并不是闭门造车，而是鼓励学生亲身实践，获得丰富而合乎实际的感性材料。

从荀子的论述中，我们还可以看出，荀子对于学习的态度，并非死记硬背，他非常强调外力在人类认识中的帮助作用。如果要到千里之外，借助车马的力量要远远比自己步行合理得多，如果是要过江渡河，最科学的办法就是借助船的力量。西汉开国皇帝刘邦就是一个善于借助外力的典型。刘邦出身卑贱，年轻时不务正业，身边人几乎都不看好他，包括他的父亲对他也很失望。但就是这样的人，在身边谋士良臣的帮助之下，平定天下，建立大汉王朝。在平定天下之后，高祖刘邦在洛阳南宫大宴群臣，司马迁的《史记》对此有一段非常生动的记载：“高祖曰：‘列侯诸将无敢隐朕，皆言其情。吾所以有天下者何？项氏之所以失天下者何？’高启、王陵对曰：‘陛下慢而侮人，项羽仁而爱人。然陛下使人攻城略地，所降下者因以予之，与天下同利也。项羽嫉妒贤能，有功者害之，贤者疑之，战胜而不予人功，得地而不予人利，此所以失天下也。’高祖曰：‘公知其一，未知其二。夫运筹帷幄之中，决胜于千里之外，吾不如子房；镇国家、抚百姓，给馈饷，不绝粮道，吾不如萧何；连百万之军，战必胜，攻必取，吾不如韩信。此三

---

① 张觉撰《荀子译注》，上海古籍出版社，2012，第5页。

者，皆人杰也，吾能用之，此其吾所以取天下也。项羽有一范增而不能用，此其所以为我擒也。'"[①]很明显，刘邦认为自己之所以能够打败项羽建立大汉王朝，最主要的原因并非自己有多大的能力，而是自己擅长用人，借助外部力量。凡是运筹帷幄的事情需要张良，安抚百姓、筹集粮草的事情交给萧何，而战必胜、攻必取的任务则由韩信完成。知人善任、善于用人是刘邦自认为最大的优点，也是他战胜项羽的法宝。在楚汉之争的初期，无论是战斗力还是影响力，刘邦都居于项羽之下，奈何项羽在形势一片大好的时机并不擅长用人，嫉贤妒能，对于有功之臣害之、疑之，对于小人信之、用之。最终只落得纵有力拔山兮气盖世的才华，无奈时不利兮骓不逝的下场。空有一身抱负，终成明日黄花。

大学生在学习、生活的过程中，也要学会充分借助外力。先进的科学技术手段可以帮助我们获得更多的知识。21 世纪是科学技术大展风采的时代，计算机的使用可以帮助人类记忆、浏览、使用古人几千年的文明成果。查阅文献、搜索知识，都可以在网上完成，迅速且准确。当然，网络普及的同时，海量信息会铺天盖地而来，这要求我们具备一定的甄别能力，分辨出哪些知识是科学的、合理的，哪些是为博人眼球的假新闻。

最后，环境对于成长的重要性。

荀子非常重视环境对人的影响。在他看来，好的环境可以造就人，人如果生活在肮脏的环境中，受周围环境的影响慢慢会误入歧途。为此，他借用生活中常见到的事例说明："南方有鸟焉，名曰蒙鸠，以羽为巢，而编之以发，系之苇苕，风至苕折，卵破子死。巢非不完也，所系者然也。西方有木焉，名曰射干，茎长四寸，生于高山之上，而临百仞之渊，木茎非能长也，所立者然也。蓬生麻中，不扶而直；白沙在涅，与之俱黑。兰槐之根是为芷，其渐之滫，君子不近，庶人

① 司马迁：《史记》，上海古籍出版社，2016，第 308 页。

不服。其质非不美也，所渐者然也。故君子居必择乡，游必就士，所以防邪辟而近中正也。”[①]意思是说如果周围所处环境不好，再美好的东西也会慢慢变质，就如同原本雪白的沙子，如果把它和黑土混在一起，慢慢的白沙也会和黑土一样了。兰槐高雅清洁，但如果把它浸泡在脏水之中，君子也会避之不及。“所以君子居住时必须选择乡里，外出交游时必须接近贤士，这是防止自己误入歧途而接近正道的方法。”[②]

孟母三迁的故事在中国几乎家喻户晓。孟母为了让儿子有一个好的读书环境，不惜三次搬迁，直到最后母子搬到一所学校旁边，才算安顿下来。越王勾践为雪灭国知耻，不惜卧薪尝胆，他表面上对吴王服从，暗中却训练精兵，怕自己习惯安逸的生活，故意睡在草席上，励精图治，最终在中国历史上留下“三千越甲可吞吴”的传奇。对此，《史记》中这样记载：“吴既赦越，越王勾践反国，乃苦身焦思，置胆于坐，坐卧即仰胆，饮食亦尝胆也。曰：‘女忘会稽之耻邪？’身自耕作，夫人自织；食不加肉，衣不重彩；折节下贤人，厚遇宾客；振贫吊死，与百姓同其劳。其后四年，越复伐吴，吴师败。终灭吴。”[③]

4. 董仲舒：汉代统一思想的构建者

唯物史观主张，社会存在决定社会意识，不同时期的社会生活、经济发展会产生不同的意识形态，对于社会文化、精神追求提出不同的时代命题和要求。刘邦打败项羽建立了统一的西汉王朝，进一步奠定了我国多民族统一国家的主基调。只是经历了秦末农民起义的严重冲击，秦朝时期建立起来的思想文化体系也遭到破坏。为适应汉王朝统一的需要，董仲舒在思想领域里提出“天人感应”“三纲五

---

① 张觉撰《荀子译注》，上海古籍出版社，2012，第 3 页。
② 张觉撰《荀子译注》，上海古籍出版社，2012，第 3 页。
③ 司马迁：《史记》，上海古籍出版社，2016，第 1253 页。

常”学说，其目的就是要从思想上维护封建统治的稳定性与统一性。

董仲舒生活在汉武帝时期，经历了西汉前期几位皇帝的有效治理，尤其是“文景之治”，到汉武帝时期，原先凋敝的社会得到有效恢复，统治者开始将注意力从经济领域转移到政治思想领域，时代呼唤着一种大一统的思想体系产生。“董仲舒为建构封建社会的理论大厦勤勉奋斗了一生。他的一生大致可分为以下三个阶段：治经讲学阶段、出仕践儒阶段和退居著述阶段。董仲舒自幼学习就非常刻苦，专心一意。《汉书·董仲舒传》中就曾有‘盖三年不窥园，其精如此’的赞誉。汉武帝即位，颇思有大建树，面向全国征求治国良策。汉武帝就天道、人世、治乱等三个方面的问题，进行了三次策问，董仲舒从容连答三章，由于首篇专谈天人关系，所以史称天人三策。”①“董仲舒循着汉武帝策问的路子，以天人之际，特别是天人感应思想为核心，阐述了天变道亦变的政治改革主张，具体提出了维护和巩固汉王朝统治三大方策：第一，君权受命于天，即把君权与神权结合为一；第二，废除秦朝的严刑峻法，改行德主刑辅、以德化民的王道之政；第三，‘罢黜百家，独尊儒术’，实行思想上的大一统。这三条构成了一套完整的政治体制和指导思想，即意识形态体系的大纲，符合当时的时代要求，加强了以封建皇帝为代表的地主阶级中央政权。晚年的董仲舒，回到了自己家里，以修学著书为事，目前尚存于世的有《天人三策》《士不遇赋》《春秋繁露》等。”②

董仲舒的哲学思想主要是为其大一统的政治主张服务，其中最主要的特点是引入阴阳五行、天人感应的思想，将儒学思想神秘化，这在一定程度上背离了儒学的初衷。孔子很少言及怪力乱神，在孟子那里，“天”也主要是被赋予道德意义而没有被神化。董仲舒之所以要神化“天”的作用，很大程度上是为了适应汉初

---

① 吴延芝、孙晓华：《中华传统文化教程》，山东大学出版社，2019，第122页。

② 冯友兰：《中国哲学简史》，新世界出版社，2004，第197页。

思想大一统的需求。其哲学思想主要包括以下几点。

第一，天人关系。

“天的观念在董仲舒的思想中占着主导地位，他赋予天以至高无上的神的性质，认为人的形体、本质是由天决定的，人间的道德原则是天规定的。”[①]

首先，天人同类。

“天人同类”思想是董仲舒天人合一学说的基础。为了论证天人同类，他首先肯定人的重要性。他认为：“ 天、地、人，万物之本也。天生之，地养之，人成之。”[②]“天地之精，所以生物者，莫贵于人。”[③]意思是说，人是天地之间最高贵、最宝贵的生物，与动物有着严格的区别。他在《春秋繁露·为人者天》一文中写道：“为生不能为人，为人者天也。人之为人本于天，天亦人之曾祖父也。此人之所以乃类上天也。人之形体，化天数而成；人之血气，化天志而仁；人之德行，化天理而义；人之好恶，化天之暖清；人之喜怒，化天之寒暑；人之受命，化天之四时。天之副在乎人，人之情性有天者矣。”概而言之，董仲舒认为天人之间以数相副，以此证明天人是同类。

董仲舒重视人的作用，认为人有着与天一样的特性，这一思想，带有某些早期人文主义的色彩。人文主义的源头在欧洲。“人文主义与人道主义两词可以通用，人文主义是与当时教会人士所研究的经院哲学、神学和以神学为依据的别的学问相对立的一种世俗的学问，人文主义者用人道反对神道，肯定人的尊严与伟大。”[④]董仲舒认为，人是世间最伟大的生物，从形体到性情，以至于做事原则、道德准则都与天极为相似，因此“天人一也”。“这种以神秘主义的天人合一来论

---

① 沈善洪、王凤贤：《中国伦理思想史》，人民出版社，2005，第 392 页。

② 沈善洪、王凤贤：《中国伦理思想史》，人民出版社，2005，第 392 页。

③ 沈善洪、王凤贤：《中国伦理思想史》，人民出版社，2005，第 392 页。

④ 全增嘏主编《西方哲学史》，上海人民出版社，1983，第 355 页。

述道德的起源和道德的本质，从理论上来讲，无非是一些胡乱的比附，与先秦的伦理学说相比，是一种倒退。但就适应封建统治的需要来说，先秦儒家的道德论，是以否定用神的准则来支配人类社会为前提的，是以人类对维系社会共同体的自觉需要来论证道德的必要的，而这种论证，是无法适应神化封建君权的需要的，所以当时的统治者宁愿要胡乱比附的蒙昧主义，而不要先秦的说理分析，这从表面上看，是让天道来支配人道，实际上却是要把封建的伦理纲常抬到天道的角度，借以达到神化封建道德规范，并使其永恒化的企图。”①

其次，天人感应。

所谓天人感应，就是说既然天人同类，那么在天与人之间就自然而然存在着某种相互感应。在天与人的关系上，天起着主导作用，人的行为举止、伦理规范必须体现天意，否则就会遭到天道惩罚。董仲舒企图用人们对天的敬畏，推行有利于封建统治阶级的统治秩序。而且这种统治秩序是天的旨意，一旦违反，就会遭受天谴。“天地之物有不常之变者，谓之异；小者谓之灾。灾常先至而异乃随之。灾者，天之谴也；异者，天之威也。谴之而不知，乃畏以威。”②当然，董仲舒所谓的“天谴”不仅适用于平民百姓，对于帝王将相也同样具有约束力。那么，如何来破解天谴呢？董仲舒的建议是：“唯人道为可以参天，天常以爱利为意……王者亦常以爱利天下为意。然而主好恶喜息，乃天之春夏秋冬也。……王者不可以不知天。”董仲舒牵强附会地以天道说人道，以天人感应为其政治思想做铺垫，其目的就是“使人完全屈从于天威之下，从而取消了借以维系道德的力量的人们内心信念和传统舆论的作用，而这也就等于取消了道德特有的社会功能，使之成为

---

① 沈善洪、王凤贤：《中国伦理思想史》，人民出版社，2005，第 392 页。

② 沈善洪、王凤贤：《中国伦理思想史》，人民出版社，2005，第 394 页。

神学的附庸”[①]。

第二，人性论。

基于维护封建等级制度的需要，董仲舒借由天意，将人性分为三类，这就是所谓的“性三品说”。这种思想的主要内容是：“圣人之性，不可以名性；斗筲之性，又不可以名性；名性者，中民之性”。[②]圣人之性有善无恶，斗筲之性有恶无善，只有中民之性有善有恶。董仲舒的“性三品说”否认了自孔孟以来承认的共同人性的存在，这导致董仲舒的人性论背离了儒家思想的初衷，认可度不高。儒家思想承认人性平等，孔子的教育主张有教无类，孟子甚至认为人人都有成为尧舜的可能。

5. 朱熹：柏拉图色彩的儒学

“自宋至清的哲学思想，可以说有三个潮流。第一是唯理的潮流，始于程颐，大成于朱熹。朱子以后此派甚盛，但不曾再出过伟大有创造力的思想家，大家都是述朱而已。第二是主观唯心论的潮流，导源于程颢，成立于陆九渊，大成于王守仁。此派最盛的时期是在王氏以后。第三是唯气的潮流，亦即威武的潮流，始于张载，张子卒后其学不传，直到明代的王廷相和清初王夫之才加以发扬，颜元、戴震的思想也是同一个方向的发展。”[③]

朱熹主要生活在南宋时期。当时，中国传统的儒家思想在外来文化尤其是佛教文化的冲击下，已经失去主流思想的地位。先秦儒家尤其是孔子，对于鬼神、来生谈之甚少，这既是儒学的特点，同时也是儒学的短板。朱熹在中国文化史上的重要贡献就在于吸收佛、道思想充实儒家思想，重新恢复了儒家思想的地位，

---

① 沈善洪、王凤贤：《中国伦理思想史》，人民出版社，2005，第394页。

② 沈善洪、王凤贤：《中国伦理思想史》，人民出版社，2005，第394页。

③ 张岱年：《中国哲学大纲》，商务印书馆，2015，第48页。

在一定程度上，延续了中华文明的发展，对于一脉相承的五千年中华文明起到巨大的推动作用。“在中国学术史上，朱熹被称为朱子，他生于南宋时期，江西婺源人，后寓居福建。朱熹继承了程颐开创的理学思想，并最终建构成庞大的程朱理学体系，是中国哲学史上客观唯心主义的典型代表。程朱理学影响深远，一直到19世纪末20世纪初，西学东渐之前，程朱理学始终是统治者的官方哲学，对中国的政治、经济、文化、思想包括官员选拔制度都产生了深远影响。”[①]

朱熹的哲学体系主要包括以下几点。

第一，客观唯心主义的世界观。

朱熹认为“理在事先”，他认为：“未有这事，先有这理。如未有君臣，已先有君臣之理，未有父子，已先有父子之理。”[②]我们认为唯心主义大致可以分为两种类型，即主观唯心主义与客观唯心主义。两者共同的观点是坚持人类生活的世界先有意识后有物质世界。两者区别的焦点在于客观唯心主义认为，在物质世界之外，有某种客观精神或者原则是先于物质世界而独立存在的，我们眼中所看到的物质世界只不过是这种客观精神或者原则的外化或者表现。放眼世界哲学史范围内，程朱理学的理、柏拉图的理念以及黑格尔的绝对精神都是客观唯心主义的典型代表。“柏拉图继承了苏格拉底的概念论以及巴门尼德的存在论，在此基础上形成了具有自己独特魅力的理念论。理念不仅是柏拉图哲学建构的基石，更是代表了柏拉图哲学的特色。绝对精神是黑格尔的哲学用语，指世界万物的精神本原。黑格尔认为，在自然界和人类社会出现以前，就客观地存在着一种精神，他称之为绝对精神或绝对观念。其所以绝对，是因为它不是个人的精神、人类的精神，而是宇宙间万事万物的精神。它是世界万物的始基和本质，万物是它运动变化的

① 吴延芝、孙晓华：《中华传统文化教程》，山东大学出版社，2019，第112页。

② 张岱年：《中国哲学大纲》，商务印书馆，2015，第133－135页。

产物，是它的表现、外化。绝对观念的运动变化经历三个阶段，即逻辑阶段、自然阶段和精神阶段。”[①]

第二，存天理灭人欲的天人关系。

“朱熹曾被人誉为致广大、尽精微、综罗百代，所谓致广大说的是通过有关伦理即天理的论述以及理、性、命三者本质同一的论述，沟通了天人关系以及内外关系，从而使儒家历来探究的天人、内外关系在天理论的基础上达到了新的统一。所谓尽精微，则是说朱熹在二程学说的基础上，对理学的各个范畴，就内涵、外延以及相互关系等方面都做了系统的整理和阐述。所谓综罗百代是说朱熹的学说综合了当时我国理论思维最高的成就。朱熹，不愧是我国封建社会后期的大学问家。”[②]在朱熹综罗百代的思想中，“存天理灭人欲”具有很高的标识度，几乎成为朱熹思想的代名词。

朱熹说：“所谓天理，复是何物？仁、义、礼、智岂不是天理？君臣、父子、兄弟、夫妇、朋友岂不是天理？”天理是善，即仁义礼智四德。天理是心之本然，指心未有思虑之萌和遇物而感时的未发状态，心之本然便是天理。

对于人欲的内涵，朱熹亦作了规定：第一，人欲是恶底心。恶底心是善的反面，具体而言即天理、恻隐、羞恶之心的反面。第二，人欲是嗜欲所迷。朱熹所说的物欲，是指人的物质欲望的人欲，被嗜欲或物质欲望所迷惑或蒙蔽，而产生了恶念。

“存天理”意味着向善，“灭人欲”代表着去恶。“存天理，灭人欲”就是要防范个人欲望的畸形膨胀，倡导人们追寻维护社会和谐之道。在朱熹看来，天理、人欲两者既相对立，又相融合。从人的道德修养来说，其目标是去人欲，

① 吴延芝、孙晓华：《中华传统文化教程》，山东大学出版社，2019，第68页。
② 沈善洪、王凤贤：《中国伦理思想史》，人民出版社，2005，第378页。

复天理，蕴含着一方克服、吃掉一方的问题，就天理人欲相联系的层面来看，朱熹认为，天理与人欲虽对立、冲突，但又互相安顿、融合。朱熹的天理人欲之辨，规定着人的行为规范、道德准则。对当时不满社会腐败的有识之士来说，存天理、灭人欲是要去除一切不满反抗念头。因此，朱熹的“存天理，灭人欲”，一方面起着维护当时封建统治秩序的作用，另一方面也严重禁锢了当时的思想自由与发展。

朱熹的个人修养之道与柏拉图的主张有异曲同工之处，朱熹认为人性中原有万物之理，这和柏拉图的“与生俱来”主张极为相似。柏拉图认为，在我们出生之前已经有各种价值和事物本质的悟性认识，而在朱熹看来，天理是与生俱来的，是万物之理的总理，万物之理，皆备于我，只是如同珍珠生于污泥之中，“理”被隐藏起来少有人知，我们应该做的就是“格物致知”，对外界事物进行仔细的调查研究，扩大自己的知识，力图把珍珠的光泽重现于世。

第三，认识的阶段性。

在前人教育实践的基础之上，朱熹总结自己的教育理念，认为不同年龄的人群，接受教育的内容、形式、方法也不应该相同。人的生理年龄不同，对于外界的认知以及接受知识的能力明显不同，朱熹主张将 8～15 岁划分为小学阶段，将 15 岁以后定义为大学阶段。在小学阶段，教育的主要任务是“学其事”，即通过让受教育者亲身实践，养成良好的行为习惯。在这个教育阶段，没有必要向受教育者灌输太多的理论知识，因为在这个年龄阶段对于抽象理论的理解比较困难。但是，年幼的孩子模仿能力特别强，可以有意识地让他们学习行为规范，逐渐养成习惯。

中国古人历来非常重视对于儿童的教育之道，朱熹认为:“古者小学教人以洒扫应对进退之节，爱亲敬长隆师亲友之道，皆所以为修身齐家治国平天下之本。

而必使其讲而习之于幼稚之时。”[①]模仿是人类最常见的学习行为，尤其是在人类童年，语言表达能力、逻辑思维能力以及对于社会的认知有限，模仿是孩子学习最初的也是最重要的形式。他们比较容易模仿的是自己的父母、家人以及师长。因此，在孩子成长的过程中，成长环境异常重要。父母是孩子在这个世界上最早的也是最重要的成长导师，家长的一言一行、一举一动都会对孩子产生影响，因此，家长一定要以身作则，做好孩子的表率。

所谓模仿就是“在没有外在压力的条件下，个体受他人的影响仿照他人，使自己与他人相同或相似的现象。模仿是人们相互影响的一种重要方式，当个体感知到他人的行为时，会有重复这一行为的愿望，模仿随之而来”[②]。从定义中可以看出榜样对于模仿尤其是儿童成长的重要性。人类需要榜样，榜样的力量是无穷的。“一个榜样就能筑起一个道德高地，就能形成一个扬善抑恶的辐射源。孔子说：‘见贤思齐焉，见不贤而内自省也。’榜样作为时代先锋和社会楷模，他们的‘贤’能够让人们产生心灵的震撼，激励人们追随和效仿，从而引领社会的主流价值观。”[③]“榜样的示范性功能，首先在于通过其具体的、感性的真实形象动之以情，具有鲜活的感染力。所以，我们树立的榜样不仅要在宏观上能提供一种方向性的启示，体现出某一行业、某一领域、某一社会群体的精神风貌，而且要使榜样回归于有喜怒哀乐和成功与失败体验的真实生活之中，在微观上展示榜样的成长轨迹，展示他们如何在平凡中坚守，如何战胜自我、攻坚克难、不懈进取地奋斗。榜样的具体化、人格化，可以让人们从那些具有可信度和感染力的事迹中受到教益和启示，从而产生榜样能为、我亦能为的心理认同和道德自信；可以昭

① 朱熹辑著，刘文刚译注，《小学译注》，四川大学出版社，1995，第1页。
② 中国就业培训技术中心：《心理咨询师》，民族出版社，2015，第180页。
③ 王玉平：《发挥好榜样的示范引领作用》，《河北日报》2013年7月10日。

示效仿者从具体处做起，在平凡而具体的实践中不断升华自己，一点一滴地为社会积累正能量。”①

6. 王阳明：构建知行合一的儒者

王阳明生活在中国明朝时期，是继朱熹之后的另外一位儒学大师。与朱熹“天理人欲”的客观唯心主义有所不同，王阳明主张从心出发，心外无物，心外无理，将主观唯心主义思想推向巅峰。王阳明本名王守仁（1472—1529），字伯安，浙江余姚人。“青年时期曾筑室于会稽山阳明洞，故自号阳明子，世称阳明先生。他生活在明代，以其超人的事功和学说，被后世誉为达到立德、立言、立功这三不朽境界的人。他是一位大英雄，平生指挥作战百余次，从未有过败绩；他是一位大政治家，对上勇于劝谏皇帝，对下善于安抚百姓。他是一位大思想家，在百死千难的逆境中，阐发了知行合一之旨；在刀光剑影的战场上，发明致良知之教。他的学说，至今仍是我国哲学的擎天一柱，世人将其思想与陆九渊并称为陆王心学，开启中国心学大门。后人将他们的思想与程朱理学并列，是中国封建社会中晚期最著名的思想体系。同时，王阳明的心学理论开启了日本明治维新之业，启迪了中国无数志士仁人，康有为、梁启超、严复、孙中山、宋教仁、蔡元培等，都从王阳明的思想中受益匪浅。直至今日，陆王心学依然是中国传统文化成熟时期的标志。”②

作为主观唯心主义的代表，王阳明师承陆九渊，“是继张载、朱熹之后的宋明理学全程中的关键人物。张载建立理学，朱熹集大成，王阳明使之瓦解。如果说，张载的哲学中心范畴（气）标志着有宇宙论转向伦理学的逻辑程序和理学开始，朱熹的中心范畴（理）标志着这个理学体系的全面成熟和精巧构造，那么王阳明

① 王玉平：《发挥好榜样的示范引领作用》，《河北日报》2013 年 07 月 10 日。

② 吴延芝、孙晓华：《中华传统文化教程》，山东大学出版社，2019，第 73 页。

的中心范畴（心）则是潜藏着某种近代取向的理学末端”[①]。

王阳明的哲学思想可以分为以下几点。

第一，自然人性论。

明朝时期，尤其是在明朝的中后期，由于政治稳定久无战事，生产力得到迅速发展，在江南比较富庶的地方，甚至出现了早期的以丝织业为主的工厂。为了发展生产，厂主会雇佣其他人为其工作，这就出现了早期的资本主义生产关系的萌芽。伴随着资本主义生产关系的萌芽，一批原先社会地位比较低下的商人借由时代机遇，拥有了较多的财富，这些人并不满足于经济地位的提高，他们希望进一步谋求政治地位的提高。但囿于长期以来固化的封建等级秩序，这些人的地位比较尴尬，经济地位高，却被排除在政治核心阶层之外。欧洲近代文艺复兴时期也出现过类似的社会现象，这批人被称为“中产阶级”。他们迫切需要一次思想大解放运动，解放人性，获得与自己的经济地位相匹配的政治地位，由此，思想启蒙运动逐渐萌芽。启蒙运动的发端必然是人性的解放，王阳明有别于朱熹的“存天理灭人欲”，“集中地把全部问题放在身、心、知、意这种种不能脱离胜利血肉之躯的主体精神、意志上，走向或者靠近了近代资产阶级的自然人性论”[②]。

在王阳明看来，圣人与普通百姓并无二致，阳明心学对于天赋神力成圣成贤的说法不屑一顾，认为即使是山野村夫，只要一心追求圣境，通过自身不断修行就可以达到。阳明心学的重要意义就在于他打破成圣成贤只限于君子、读书人的桎梏，将圣人引下神坛，走向真正的人世。人世间的一切，吃饭、穿衣、睡觉皆为修行，圣贤之路不再遥不可及。这反映了明清之后文化关注的焦点发生了重大变化，以前高高在上、遥不可及的圣贤其实与普通百姓完全一样，即圣人“平民

① 李泽厚：《中国古代思想史论》，生活·读书·新知三联书店，2017，第 222 页。
② 李泽厚：《中国古代思想史论》，生活·读书·新知三联书店，2017，第 226 页。

化”。这一概念的提出标志着中国千年圣人学问开始下沉，不再是神坛上高高在上、遥不可及的雕像。所以，阳明心学的伟大之处，正是使圣人之学开始路径明朗、有路可寻，标志着一个哲学化、系统化、大众化的儒学新流派自此诞生。其实，不光是哲学领域，其他诸如戏曲文学等在明代之后也出现了明显的关注焦点下沉的趋势。一大批世俗小说诞生，凡夫俗子的悲欢离合渐渐进入文人视野，成了描写的对象。不仅如此，社会对于金钱的态度也一改往日“耻于谈钱” 的清高，追求享受与追逐金钱不再是被人鄙视的俗事。在这种社会氛围之下，王阳明心学将修行之道、成圣之人转移到普罗大众身上，响应社会历史发展的潮流，具有历史必然性。

王学的后人诸如王艮、何心隐、刘宗周等，把这种自然人性进一步发挥，到了李贽那里，自然人性论更是达到巅峰时期。李贽讲“童心”，毫不避讳“私利”。为了证明自己的思想，李贽把封建社会一直奉若神祇的孔子拉下神坛，认为孔子也要吃喝穿住，与常人无异。另外，李贽对商人“挟数万之资，经风涛之险，受辱于官吏，忍垢于市易，辛勤万状”颇为同情。“李贽的思想，代表了明代中晚期新兴市民阶级的利益和价值取向的下沉趋势，具有强烈的时代特点和个人色彩。李贽生活的晚明时期，是中国伦理史上独具个性色彩的时期。一方面程朱理学作为官方哲学，一统天下，严重压抑了人的个性自由和解放；另一方面资本主义生产关系开始萌芽，社会呼唤新的价值体系的产生，在那个旧的将去未去、新的要来未来的时期，对于作为当时时代产物的李贽的启蒙思想，学术界历来有晚霞与晨曦之辨。相当多的人认为李贽思想带有资本主义性质，当属新时代的产物。当然，李贽的思想作为那个时代的产物，在今天看来不可避免有其缺陷，即‘矫枉过正’，破有余而立不足，这一方面与其生活的时代背景有关，另一方面要打破当时社会上占统治地位的宋明理学一统天下的地位，也不得不需要这样的勇士。”[①]

第二，认识论。

“除了走向近代自然人性论而外，王学的另一特征是对主体实践的能动性的极大强调，即知行合一。”知行关系是中国哲学家历来非常关注的命题之一，其主要探讨的核心问题就是理论与实践的关系问题。唯物辩证法主张理论与实践是统一的，任何理论都是从实践中得来，目的是为实践服务，而且理论会随着人类实践活动广度和深度的增加而扩展，理论在发展的过程中接受实践的检验，作为理论认识的来源和推动力量，实践是检验认识真理性的唯一标准。与西方哲学动辄一整套的理论体系构建相比，中国哲学家更热衷于言行一致、知行统一，自己创造出来的理论，自己首先去践行。“他们强调知行的互动，即按照自己的哲学信息生活，身体力行，付诸行动，集知识与美德于一身，不断提高自己的修养水平。”[②]针对这个问题，牟宗三先生认为：“中国的哲人多不着意于理智的思辨，更无对观念或者概念下定义的兴趣。”[③]张岱年先生认为，中国哲学的特征之一是重了悟而不重论证，“中国哲学不注重形式上的细密论证，亦无形式上的条理系统。中国思想家认为经验上的贯通与实践上的契合，就是真理的证明。能解释生活经验，并在实践上使人得到一种受用，便已足够，而不必耕作文字上细微的推敲”[④]。这一点从《论语》中也可以得到明确的答案。《论语》用语录体的形式写成，段落之间并没有明显的逻辑或者先后关系，孔子与众多弟子讨论的重点是如何去做，而不是围绕某个定义进行。

知行关系的探讨，从孔子时代就已经开始。孔子“吾日三省吾身”的理想，

---

① 吴延芝、孙晓华：《中华传统文化教程》，山东大学出版社，2019，第146页。

② 张岱年、方克立主编《中国文化概论》，北京师范大学出版社，2004，第260页。

③ 牟宗三：《中国哲学的特质》，上海古籍出版社，2007，第10页。

④ 张岱年：《中国哲学大纲》，商务印书馆，2017，第29页。

孟子“行不忍人之政”的执着，在他们游历各诸侯国期间就是反复论述的主旨。到宋元时期，关于知行关系的论述日渐清晰起来，程颐、朱熹强调以知为本、知先行后。王阳明反其道而行之，倡导知行合一。“知行合一是王阳明在龙场大悟之后提出的重要命题，主要针对程朱理学知行脱节的弊端提出来的。所谓知行合一，就是指良知的体用合一，指良知在发用流行中等同于本体，复明那被私欲隔断了的本体，简单来说，就是人的道德意识与道德行为要统一，言行一致。知行合一主张实践在认识中的重要作用，反对空谈，反对坐而论道，力戒虚伪，力求真诚。这是中国古代哲学中认识论和实践论的命题，王阳明的‘知行合一’思想包括以下两层意思。第一，知中有行，行中有知。王阳明认为知行是一回事，不能分为两截。从道德教育上看，王阳明极力反对道德教育上的知行脱节及知而不行，突出地把一切道德归之于个体的自觉行动，这是有积极意义的。第二，以知为行，知决定行。道德是人行为的指导思想，按照道德的要求去行动是达到良知的功夫。在道德指导下产生的意念活动是行为的开始，符合道德规范要求的行为是良知的完成。”①

王阳明的“知行合一”至少包括以下几点。

首先，重视人的主观能动性。

对于孔子、孟子的思想言论，王阳明的态度与其他儒者并不完全一样。他反对把孔孟思想看成是一成不变、不可撼动的清规教条，更反对人们不假思索地盲目遵从这些教条。王阳明广收门徒，宣扬心学，被认为是中国封建社会末期资产阶级思想萌芽的开始。他主张在认识过程中充分发挥人的主观能动性。“夫君子之论学，要在得之于心，众皆以为是，苟求之心而未会焉，未敢以为是也；众皆以为非，苟求之心而有契焉，未敢以为非也。心也者，吾所得于天之理也，无间于

① 吴延芝、孙晓华：《中华传统文化教程》，山东大学出版社，2019，第149页。

天人，无分于古今。苟尽吾心以求焉，则不中不远矣。学也者，求以尽吾心也。”[①]在这段话中，我们可以看出，王阳明主张读书学习的真正目的是得之于心，学习的真正目的也是求以尽吾心。

其次，知行合一的践行者。

在知与行的关系上，王阳明做了一个非常正确的平衡，他首先强调知，认为知是行的前提和基础；在此基础上，行才是最关键的，知中有行，行中有知。这样就凸显了实践在认识中的决定作用。“知行合一”不能简单地从认识与实践的角度来理解，在王阳明那里，“知”是道德层面的“知”，“行”是道德层面的“行”。因此，知行关系从心学的角度而言，最主要的是道德意识与道德实践的关系。中国哲学独有的早熟特质决定了中国哲学独有的道德气质。牟宗三先生认为：“希腊哲学是重知解的，中国哲学则是重实践的。实践的方式最初主要是在政治上表现善的理想，例如尧、舜、禹、汤、文、武诸哲人，都不是纯粹的哲人，而都是兼备圣王与哲人的双重身份，这些人都是政治领袖。……所以政治的成功，取决于主体对外界人、事、天三方面关系的合理与调和，而要达到合理与调和，必须从自己的内省修德做起，即是先要培养德性的主体。中国的圣人，必由德性的实践，以达政治理想的实践。”[②]在牟先生看来，道德实践性是中国哲学的特质。中国人“从道德实践的态度出发，是以自己的生命本身为对象，绝不是如希腊哲人之以自己神明之外的自然作为研究对象，因此能对生命完全正视，而这里的生命，更多意义上是道德实践中的生命。中国哲学之重道德性是根源于忧患的意识，中国人的忧患意识特别强烈，有此种忧患意识可以产生道德意识”[③]。

---

① 梁启超：《王阳明》，新世界出版社，2016，第 30 页。

② 牟宗三：《中国哲学的特质》，上海古籍出版社，2007，第 11 页。

③ 牟宗三：《中国哲学的特质》，上海古籍出版社，2007，第 12 页。

阳明心学与其他儒家思想家最大的不同在于，将传统儒家为人设计的成圣之道进行简明化，即简化人的成圣之道。王阳明年轻的时候对于朱熹理学的格物致知理念深信不疑，为通晓格物之路，他曾对着竹子坐了七天七夜，希望自己能够按照朱熹指明的道路格出竹子之理，结果却一无所获，自己还大病一场。他由此改变了对程朱理学的态度，转而寻求另外一种更加实用的修身之道。王守仁通过对格竹子之理失败经验的总结，认为在朱熹的“格物致知”中，认识对象是自然的事物，认识方法是外在的观察，认识目的是增进知识。针对朱熹的“格物致知”，王阳明提出自己的“致良知”学说。所谓“致良知”，即认识的对象是自己的心灵，认识的方法是向内的自我体验，将自己的体验即心中的天理推广到外部事物之中。在今天看来，王阳明与朱熹的修行之路殊途同归，朱熹更强调利用外在事物的作用，而王阳明则更看重通过自己心灵的修行。也就是朱熹修行遵循的是由外而内，王阳明反其道而行之，强调内心的作用。心学认为，每个人生而具有“圣人”属性，没有高低贵贱、聪明愚笨的区别，只是在成长的过程中受外部环境的影响，人心逐渐蒙上了一层污垢，一般人在世俗的沾染中逐渐随波逐流，丧失本心，而圣人则可以做到坚持本心，初心永恒。

第五章　道家、法家思想的哲学思维方式

道家思想是辉煌灿烂的中华文明思想宝库里的耀眼明星。其思想内容、认知规律、政治主张与儒家思想迥然不同。儒家思想主张积极入世，儒者的身上有着孔子“知其不可而为之”的勇气和执着，有着“富贵不能淫，贫贱不能移，威武不能屈”的大丈夫胸襟，有着舍我其谁的担当精神与家国情怀。道家思想恰恰相反，他们提倡道法自然，无为而治，主张与自然和谐相处，道家哲学的出发点是保全生命，避免生命受到损害。按照冯友兰先生的观点，道家思想可以大致分为三个阶段：“以杨朱为代表的第一阶段；《老子》书中大部分所代表的是第二阶段；《庄子》书中大部分则是第三阶段，也就是最后的阶段。”①

在中国，杨朱属于道家思想发展的第一阶段。杨朱的生卒年月至今没有确切的答案，史学界大致将他生活的时间界定为墨子和孟子之间。因为墨子的著作中没有提及杨朱，而在孟子的著作中，杨朱已经作为重生贵生的思想典范而存在。

一、道家思想产生的基础

按照张岱年先生的观点，在春秋战国末期，随着生产力的发展，社会内部逐渐产生了封建的生产关系。为了适应新的生产关系的需要，各派知识分子纷纷活跃起来，“以开明奴隶主身份而出现的士，独立手工业者的士，由贵族而下降为隐

① 冯友兰：《中国哲学简史》，新世界出版社，2004，第69页。

士的士，代表新兴地主阶级的士，各自成立学派，形成了百家争鸣的局面”[①]。齐国的稷下学宫，作为当时由国家投资兴建的官办最高学府，汇集着来自各个诸侯国的思想家。他们来自不同的社会集团，代表不同社会集团的利益。“道家的学说是一些由贵族下降为自由民的知识分子的思想。这些所谓隐士过着自食其力的生活，与劳动者接近，所以也反映了一部分自由民反对压迫的情绪。但是他们自己是由贵族地位下降的，因而留恋过去，反对任何改革。”[②]

二、道家哲学思维方式的特点

第一，贵生命。

作为道家思想的早期代表，杨朱的“轻物重生”理论是道家思想对待生命的最本真态度。由于目前没有杨朱的著作传世，因此，只能是从其他思想家的著作里关于杨朱的只言片语中进行判断。孟子曰：“扬子取为我，拔一毛而利天下，不为也。”《吕氏春秋》《韩非子》等著作也有类似的论述。杨朱生活在动荡的诸侯征战时期，在那样的年代，除却生命，其他都不宝贵。杨朱的思想，一方面反映了社会民众对战争的厌弃、对统治秩序的不满。另一方面，我们也必须看到，为了保全生命，杨朱的做法是逃避。这是隐士们惯于采用的办法。逃离社会，远离人群，降低自己对物欲的追求，虽然才华横溢却不愿意为社会服务，指望这样可以远离人世间的战争与罪恶。但是，人生活在世界上，本质上是社会关系的总和。无论个人如何躲避，永远也无法逃离现实世界，盲目地逃避并不能解决任何问题。

“所谓贵生，亦即贵生贱物、重生轻物，就是认为自己的生命贵于自己生命

① 张岱年：《中国哲学大纲》，商务印书馆，2015 年版，新序第 10 页。

② 张岱年：《中国哲学大纲》，商务印书馆，2015 年版，新序第 11 页。

之外的东西。贵生之真谛在于视自己生命为自己最宝贵东西而不仅仅是宝贵东西，贵生之为道德规范则是应该视自己生命为最宝贵最有价值的东西。”①生命是人世间最宝贵的东西，没有了生命，其他如财富、官职等都没有任何意义。从这点意义上来说，早期道家的贵生思想有合理之处。大学生也应该倍加珍惜自己的生命，因为生命无论对于任何人，都只有一次。我们必须承认，人世间的种种尔虞我诈、争名夺利会始终存在。面对这些，我们的正确态度不是逃避，而是勇敢应对，同我们身边的不良之风作斗争。

第二，尚无为。

“人们常用自然无为来概括老子的思想，一般来说，自然无为可以认为是老子哲学所要表达的最重要的观念。老子认为，万物的生成变化完全是一个自然而然的过程，任何外力的参与和干预都是不必要的。对于一个自然的过程，任何不必要的外在作用都是强加的，都是妄为，不但无助于事物的存在和发展，而且会破坏事物发展的自然过程。只有不妄为，顺其自然，让事物自由发展，才是唯一合理的态度。”②

“为无为，则无不治”③，意思是说用“无为”的方式表现“无不为”的目的，达到最佳的治国效果，这就是道家“无为而治”的治国理念。“在《道德经》中，‘无为’一词出现频率达到 13 次，且含义一以贯之。老子的无为，指的是排除不必要的、不适应的作为或反对强作妄为，万事万物应秉持其本性，顺应事物本性而自由发展，任何外力的参与和干预都是不必要甚至是具有破坏力的，妄为不但无助于事物的存在与发展，反而会破坏事物发展的自然过程。”④

---

① 王海明：《新伦理学原理》，商务印书馆，2017，第 611 页。
② 陈鼓应、白奚：《老子评传》，南京大学出版社，2011，第 209 页。
③ 罗义俊：《老子译注》，上海古籍出版社，2012，第 11 页。
④ 吴延芝、孙晓华：《中华传统文化教程》，山东大学出版社，2019，第 132 页。

无为是一种极高明的人生智慧，在这其中，“无为”并不是不要任何作为，而是顺其自然，因而，“无为”的结果恰恰是“无不为”。老子用了一个形象生动的比喻来说明“无为”与“无不为”之间的辩证关系，他说，“治大国若烹小鲜”[①]。治理国家就好比烹制小鱼，不能多搅动，否则鱼就会烂，这就是“无为”；而鱼还是要烹的，国还是要治的，并且还要烹得好，治得好，这又是“为”；如能按照“无为”的原则去做，任其自成其功，就可以把鱼烹好，把国治好，这就是“无为而无不为”[②]。

第三，辩证法——“反者道之动”。

老子认为自然界中事物的运动和变化莫不依循着某些规律，其中的一个总规律就是“反”：事物向相反的方向运动发展；同时，事物的运动发展总要返回到原来起始的状态。“反”的总规律中蕴含了两个概念：一是相反对立，老子由此揭示了对立转化的规律；二是返本复初，老子由此揭示了循环运动的规律。“天下皆知美之为美，斯恶已；皆知善之为善，斯不善已。有无之相生也，难易之相乘也，长短之相形也，高下之相盈也，音声之相和也，先后之相随也，恒也。”[③]我们通常认为，《道德经》的第二章是老子辩证法思想的集中体现。“老子的辩证法是中国最古老也最庞大的辩证法思想体系，对包括今天在内的几千年历史产生了重大而深远的影响，不仅表现在哲学思维的领域，而且渗透到社会生活的各个方面，它在一定程度上决定着中国人的思维方式、生活态度，成为中国传统文化的重要组成部分。老子提出以及由老子思想衍生出来的许多极富辩证意味的格言警句，如以柔克刚、相反相成、物极必反、欲取姑与、欲擒故纵、祸福相依、大器晚成、

① 罗义俊：《老子译注》，上海古籍出版社，2012，第133页。
② 罗义俊：《老子译注》，上海古籍出版社，2012，第84页。
③ 罗义俊：《老子译注》，上海古籍出版社，2012，第8页。

大智若愚、功成身退、知足常乐、不争而善胜、无为而无不为等，早已深入人心，成为中国人民的宝贵精神财富和智慧源泉。由此，老子也成为中国哲学史上伟大的辩证法大师。”①

三、道家哲学的代表人物

老子、庄子是道家思想最具有代表性的人物，因此，哲学界将二人合并称之为“老庄”。

1. 老子

中国历史上对于老子的记述，版本各不相同。今人大部分认同以下观点：“老子，道家思想的创始人，是中国古代最重要的哲学家，也是唯一可与孔子并驾齐驱的思想家，被尊为东方三大圣人之首。其生卒年代已经没有准确记载。今人大多采用的说法是老子姓李，名耳，字聃，春秋时期楚国人。老子比孔子年长，其博学多闻，在当时的社会已经很有名气。《礼记·曾子》中记载孔子曾经拜访老子并向其请教礼之事。”②孔子以龙来赞誉老子说：“至于龙，吾不能知，其乘风云而上天，吾今日见老子，其犹龙邪。”③“据称，老子很有才华，但终其一生，也只做过短暂的负责管理国家图书与档案文书的工作，相当于今天国家图书馆的馆长，后来见周室式微，骑青牛出函谷关，临行留下五千字的《道德经》。《道德经》虽仅有五千字，几千年来一直被奉为道家思想的圭臬。”④

对于老子的思想，各家各派评价不一。“《老子》之学说，《荀子》批评之，《庄子》称述之，《韩非子》解之喻之，《战国策》中，游说之士亦引用之，故可知其

---

① 陈鼓应、白奚：《老子评传》，南京大学出版社，2011，第 333 页。

② 吴延芝、孙晓华：《中华传统文化教程》，山东大学出版社，2019，第 146 页。

③ 司马迁：《史记》，上海古籍出版社，2016，第 1394 页。

④ 吴延芝、孙晓华：《中华传统文化教程》，山东大学出版社，2019，第 146 页。

在战国时已为显学。”[①]

“《老子》影响深远，在此下两千多年的中国历史文化中，亦形成了一个传统。它表现在对①朝廷政治、知识分子的社会、民间社会，也就是说老子思想对传统中国社会的上中下三层，对国族生命和历史事业（内圣外王）都有深远的影响和作用；②《老子》一书自身的流传。”[②]

老子的哲学思想可以分为以下几点。

第一，本体论。

在老子看来，“道”是天地万物的本原。在《道德经》中，“道”出现了七十处之多，足见“道”对于老子学说的重要性。那么，何为“道”呢？“有物混成，先天地生，寂兮廖兮，独立而不改，周行而不殆，可以为天下母，吾不知其名，字之曰道。”[③]由此可以得出，老子的道即是他认为的宇宙的根源、本体和总的原理。那么“道”究竟是什么样子呢？从《道德经》中我们可以得出大致的结论。首先，“道”的存在很玄妙，不可言传。“道可道，非常道”。其次，“道”又是无始无终、无所不在的，它与天地共存。“道生一，一生二，二生三，三生万物”[④]。再次，“道”虽然很难被人们感知，但“道”不仅做了一切，而且做得很公平。“天网恢恢，疏而不失”。最后，“道”之贡献虽然无处不在，但“道”能够永远保持谦虚从不骄傲，“道之在天下，犹川谷之于江海”[⑤]。

第二，辩证法。

老子是一位辩证法大师。我们通常认为《道德经》的第二章是老子辩证法思

① 冯友兰：《中国哲学史》，华东师范大学出版社，2011，第101页。
② 罗义俊：《老子译注》，上海古籍出版社，2012，第5页。
③ 罗义俊：《老子译注》，上海古籍出版社，2012，第59页。
④ 罗义俊：《老子译注》，上海古籍出版社，2012，第99页。
⑤ 罗义俊：《老子译注》，上海古籍出版社，2012，第75页。

想的集中体现。老子发现任何事物内部都是既对立又统一的两个方面，即矛盾。更为难能可贵的是，老子不仅认识到了矛盾的普遍性，更认识到矛盾是事物运动变化发展的动力和源泉。“合抱之木，生于毫末；九层之台，起于垒土。”[①]矛盾的转化，不仅适用于自然界，更重要的是矛盾相互转化的理论同样适用于人生。老子不仅突出事物的对立关系，而且更为留意事物在对立关系中的相互依存，事物双方都以对方为本方存在的前提条件，失去了一方，另一方就无法孤立地存在，也就是说，唯其相反，故能相成。不仅如此，老子还指出对立双方的互相转化，“福兮祸所伏，祸兮福所倚”。

马克思的唯物辩证法既承认矛盾双方之间的统一性，也承认矛盾双方之间的对立性。统一性是矛盾双方相互依存、相互转化的前提，事物总是朝着自己的对立面转化，例如敌我、冷热、胜败等。再者，矛盾双方之间的斗争性是事物转化的动力和源泉，任何事物的发展变化，矛盾是其最主要的根源。由此，对立统一规律也就成为唯物辩证法的实质和核心。在马克思主义的世界观和方法论中，唯物辩证法是其核心内容。恩格斯认为：“自然科学家尽管可以采取他们愿意的态度，他们还得受哲学的支配。问题只在于：他们是愿意受某种蹩脚的时髦哲学支配，还是愿意受某种建立在通晓思维历史及其成就的基础上的理论思维形式的支配。”[②]

2. 庄子

第一，人性论——抱朴。

人性论是中国哲学家讨论的永恒话题。“崇尚自然、无为，是老庄思想的共同

① 罗义俊：《老子译注》，上海古籍出版社，2012，第141页。

② 中共中央马克思恩格斯列宁斯大林著作编译局编《马克思恩格斯选集》第3卷，人民出版社，2012，第899页。

特征。他们都主张一切任其自然，富贵自然。用这样的观点来观察人的本性，老子认为，在人类之初的社会里，人性是非常淳朴的，具有少私寡欲的特点，而在他亲眼所见的现实社会里，人们却被自私多欲的思想支配着，使淳朴的人性受到损害。所以，在人性问题上，老子主张复归于朴，庄子也提倡求复其初。”[①]在人性问题上力求复古的表现，也足以证明，道家思想的代表者，以前拥有较高社会地位、由于社会变动而归于普通人，这些人对现世不满，心里满是对曾经辉煌的留恋，这些情绪在哲学思想上就会体现为对过往的美誉，包括人性思想。

“抱朴”就是人生要始终保持一种自然纯真的状态，在这一点上，老子的观点与庄子几乎一致。老子要求人们“复归于婴儿，见素抱朴，少私而寡欲”[②]。舍弃私欲的诱惑，因为“五色使人目盲，五音令人耳聋，五味令人口爽，驰骋畋猎令人心发狂，难得之货令人行妨。是以圣人为腹不为目，故去彼取此”[③]。在老子看来，这些光怪陆离的东西会让人失去本心。庄子关于人性的看法与老子极其相似，他认为人性即是天下有常然，任其自然，就是圆满的人性。如果我们非要用外在的仁义道德去约束，反而会适得其反。因此，“不以心捐道，不以人助天”，意思是避免一切刻意人为的因素，一切任其自然。

抱朴守真的人性论认为，欲望是造成一切痛苦的根源，所以人生必须去除各种欲望，“无知无欲”才能达到人生最高境界。当然，老庄的所谓的无欲“并非要彻底消灭人欲，他所谓的人欲，是要人们安于自然赐予的生活，在道家所追求的小国寡民的理想社会里，各安其居，各美其美，而不能在意志上去刻意追求物欲的满足”[④]。道家的这一思想有其合理之处，一方面反对人类对物欲的过度追求，

---

① 沈善洪、王凤贤：《中国伦理思想史》，人民出版社，2005，第 193 页。

② 罗义俊：《老子译注》，上海古籍出版社，2012，第 43 页。

③ 罗义俊：《老子译注》，上海古籍出版社，2012，第 193 页。

④ 沈善洪、王凤贤：《中国伦理思想史》，人民出版社，2005，第 194 页。

认为这样会造成人们精神上的不快乐，为了争夺利益而起的各种战争。对于那种不顾百姓死活、横征暴敛、骄奢淫逸的人，老子视之为强盗。同时，道家思想对于人们正常的物质追求并不排斥。

第二，人生论。

道家的生死人生观与儒家截然不同。在庄子看来，人类的生死是不可避免的客观现象，不管是普通民众还是达官贵人，无人能够超脱于外，这本就是自然规律，无可厚非，当然，这也不是人力所能够干涉的。“死生，命也。其有夜旦之常，天也。人之有所不得与，皆物之情也。”①“与天地并生，与万物为一，游乎四海之外，而与造物者为人，是由无为齐物而达到的一种神秘的精神状态。这种神秘流派的精神状态，是庄子所讲的人生最高境界。所谓至人、真人，可以说即是过此种神秘的精神生活的人。庄子的人生论，实以神秘思想为中心。”②

四、法家思想产生的基础

法家思想，是诸子百家中很有特色的思想，它以人性恶为建立的基础，以法治为治国安邦的原则。法家思想的产生，与当时的社会形势密切相关。一方面，春秋战国时期，“礼”作为统治的原则渐渐失去原有的地位和作用，新兴地主阶级兴起，对于原先的由贵族控制国家政权的社会等级制度不满，纷纷要求谋求政治上的地位。另外，在诸侯征战的春秋战国时期，诸侯国要想保全领土和利益，自身必须强大起来，儒家的仁政思想显然并不符合这一需求，以严刑酷法、奖励军功为主要施政方针的法家思想成为很多诸侯国君的选择。“各国君王通常愿意听听他们有什么看法，如果他们的建议行之有效，国王就待如上宾，甚至委以高位。

① 饶宗颐主编《庄子》，中信出版社，2013，第151页。

② 张岱年：《中国哲学大纲》，商务印书馆，2015，第453页。

这些谋士就是被称为方术之士的一班人。他们鼓吹，君王不需要是圣人或者超人，只要实行他们提出的一套方略，一个仅具中人之资的人就可以把国家治理得井井有条。还有一些方术之士，为他们鼓吹的统治方略提出理论依据，这就构成了法家的思想主张。”①

秦国在战国七雄中，位置偏僻，且本身实力有限，但就是在这样的基础上，经过历代国君的励精图治、变法图强，尤其是商鞅变法以后，迅速崛起吞并其他六国，大秦帝国成为中国历史上第一个统一的多民族的封建国家。虽然时间短暂，仅历二世而亡，但是大秦帝国奠定的文字、思想、度量衡等方面的统一政策，对于中华民族几千年文明的薪火相传功不可没。秦国的崛起、统一在很大程度上证明了法家思想对国家治理、富国强兵的重大作用。

法家思想的主要内容就是“缘法而治”，不管亲疏贵贱，法律面前一律平等，有功则赏，有过则罚，赏罚分明。当然，法家思想在重法的同时，忽略了道德的作用。他们认为人都是自私自利的，没有什么道德可言。因此，按照法家的主张，治理国家必须使用严刑酷法。秦朝统一前后几乎都是沿用这种治国理念，这就导致社会矛盾非常突出，百姓生活困苦。秦二世统治时期爆发的陈胜吴广起义，就是百姓不满统治揭竿而起的后果。秦历二世而亡的教训告诫后人：在治理国家的过程中，德治与法治二者要兼顾。

五、法家哲学的代表人物及其哲学思维方式

法家最早可以追溯到春秋时期齐国著名的宰相管仲。在发展的过程中，战国时期的李悝、商鞅、慎到等在各国的变法行为进一步丰富和发展了法家思想，“在韩非之前，法家分为三派，一派以慎到为首，慎到和孟子是同时代的人，他主张

① 冯友兰：《中国哲学简史》，新世界出版社，2004，第 165 页。

在政治和治国方术中，势即权力和威势最为重要。第二派是以申不害为首，强调术，即政治权术。第三派以商鞅为首，强调法，即法律和规章制度”[①]。韩非是法家思想的集大成者，《韩非子》一书详细论证了他的法家思想。法家思想的哲学思维方式主要包括以下几点。

第一，好利恶害的性恶论。

关于人性的争论，古往今来历来有之，人性论是各个哲学学派建立的基础理论，是哲学的重要组成部分。由于孔孟思想在中国的广泛传播以及重大影响，性善论一直以来都是中国人性论的主流。所谓“善，也就是一切符合道德目的、道德终极标准的伦理行为，简言之，亦即利他与利己的伦理行为。所谓恶，则是一切违背道德目的、道德终极标准的伦理行为，亦即害他或害己的行为”[②]。

韩非子本人是性恶论的坚定奉行者。据《史记》记载：“韩非者，韩之诸公子也。喜刑名法术之学，而其归本于黄老。非为人口吃，不能道说，而善著书。与李斯俱事荀卿，斯自以为不如非。”[③]因为口吃，韩非将满腹治国之策倾注于自己的著作，有《孤愤》《五蠹》《说难》等十余万字著作流传于世。在其著作中，韩非对性恶论进行了详细的论证，他认为，王良之所以喜欢马，勾践之所以爱民如子，是因为要利用他们发动战争。大夫行医，为了治疗病人甚至要用自己的嘴巴吮吸病人的伤口，并非是因为医者仁心，而是因为要从病人那里获得利益；制造豪华车辆的人希望人人富有也并非是出于好心，完全是因为越富有，车才会卖得越快。木工制造棺材，希望人们早夭，并非是木工有多邪恶，他只是希望自己的棺材能够尽快卖出去。司马迁感到最为惋惜的就是“韩非知说之难，为《说难》

---

① 冯友兰：《中国哲学简史》，新世界出版社，2004，第 165 页。

② 王海明：《新伦理学原理》，商务印书馆，2017，第 271 页。

③ 司马迁：《史记》，上海古籍出版社，2016，第 1596 页。

书甚具，终死于秦，不能自脱”[①]。韩非子因为名声日旺，甚至超过了当时在秦国为宰相的同窗李斯，遭李斯陷害，最终死于秦国的监狱。韩非一生都在致力于宣扬人性的恶，而他自己也死于同窗之间的嫉妒陷害。

第二，不法古不循今的历史观。

自古以来的农耕文明，使中国人的思想保守有余而进取不足。他们按照过去的经验，年复一年在土地上耕种，在这样的生存环境中，经验高于一切，经验足以让他们应对一切。经济领域的耕作方式深刻影响到思想文化领域，人们习惯于泥古，就如同在哲学领域内，哲学家即使有自己的崭新思想，也要拼命寻找古代的权威人物来支持自己的学说，抑或利用对传统权威人物的批判树立自己的地位。“孔子喜欢援引的古代君王是西周的文王、周公，墨子与儒家辩论时，援引比周公、文王更古老的夏禹。孟子为了能够凌驾于墨家之上，往往援引尧舜，因为他们是传说中比夏禹更早的圣王。最后，道家为胜过儒家和墨家，又请出伏羲、神农，据说他们比尧舜还要早几百年。”[②]这实际上是一种不正确的历史退后论，给人们的感觉就是今不如古，人类思想的黄金年代已经远离我们而去，当代人要做的就是追随古人，拼命寻找过去的踪影与气息。法家逆流而上，他们并没有把重点放在寻找古代先哲的支持上，而是认为每个时代都会有每个时代的使命和任务，回到古代既不现实也没必要。面对新情况、新问题，最重要的不是回到古代寻找经验，而是面对现实，积极寻求解决方案。

以韩非子为代表的法家思想认为：“由于这些全新的情况产生的新问题，只能用新方法解决，只有蠢人才看不到事实的变化。”[③]为此，韩非子用一则我们至今

① 司马迁：《史记》，上海古籍出版社，2016，第 1598 页。

② 冯友兰：《中国哲学简史》，新世界出版社，2004，第 166 页。

③ 冯友兰：《中国哲学简史》，新世界出版社，2004，第 166 页。

耳熟能详的寓言故事“守株待兔”来说明盲目泥古思想家的愚蠢与无知。这说明，以韩非为代表的法家思想具有那个时代难得的创新意识与创新勇气。

第三，重实际不清谈的功利主义。

在处理个人利益与社会公共利益的关系问题上，法家是从功利主义的角度来谈论公与私的关系。首先，韩非认为虽然人性天生利己，但必须维护公利。他十分强调公私分明的重要意义。他说：“明主之道，比明于公私之分，明法制，去私恩。夫令必行，禁必止，人主之公义也；必行其私，信于朋友，不可为赏劝，不可为罚沮，人臣之私义也。私义行则乱，公义行则治，故公私有分。人臣有私心，有公义。修身洁白而行公行正，居官无私，人臣之公义也；污行从欲，安身利家，人臣之私心也。明主在上，则人臣去私心行公义；乱主在上，则人臣去公义行私心。故君臣异心，君以计畜臣，臣以计事君，君臣之交，计也。害身而利国，臣弗为也；害国而利臣，君不为也。臣之情，害身无利；君之情，害国无亲。君臣也者，以计合者也。”[①]在这段论述中，韩非子除了继续论证他的人性本恶理论之外，还重点强调作为人臣，既要有私欲，还要有公心。作为人君，道理也是完全一样的。在公利与私心之间做好平衡，君臣一体，是为了官治民富，从而实现富国强兵、成就霸业的最终目的。这也是法家思想与儒家思想存在的明显区别。儒家思想的治国方略是通过发扬人性善从而达到实施仁政的目的，其思想侧重于自律内省。而法家思想则是通过法律制约人性的恶，达到掠夺土地、称霸诸侯、统一天下的目的，法家思想更看重的是外在的约束以及行为的后果。从这一点意义上来说，法家哲学的功利主义色彩更为明显。

---

① 沈善洪、王凤贤：《中国伦理思想史》，人民出版社，2005，第273页。

参考文献

[1] 全增嘏．西方哲学史[M]．上海：上海人民出版社，1983．

[2] 李超杰．哲学的精神[M]．北京：商务印书馆，2018．

[3] 冯友兰．中国哲学史[M]．上海：华东师范大学出版社，2011．

[4] 贺麟．文化与人生[M]．北京：商务印书馆，2015．

[5] 中共中央马克思恩格斯列宁斯大林著作编译局. 马克思恩格斯选集（第 1 卷），北京：人民出版社，2012．

[6] 沈善洪，王凤贤．中国伦理思想史[M]．北京：人民出版社，2005．

[7] 王海明．新伦理学原理[M]．北京：商务印书馆，2017．

[8] 贺麟．文化与人生[M]．北京：商务印书馆，2015．

[9] 王洪江．先哲纵览：中国近代的“精神领袖”——王夫之，北京：群言出版社，2012．

[10] 恩格斯．自然辩证法[M]．北京：人民出版社，1971．

[11] 张岱年，方克立．中国文化概论（修订版）[M]．北京：北京师范大学出版社，2004．

[12] 冯友兰．中国哲学简史[M]．北京：新世界出版社，2004．

[13] 陈鼓应，蒋丽梅．庄子[M]．北京：中信出版社，2013．

[14] 《马克思主义基本原理》编写组．马克思主义基本原理概论（2015 年修订版）[M]．北京：高等教育出版社，2015．

[15] 牟宗三．中国哲学的特质[M]．上海：上海古籍出版社，2007.

[16] 李泽厚．中国古代思想史论[M]．北京：生活·读书·新知三联书店，2017.

[17] 方勇．孟子[M]．北京：中华书局，2010.

[18] 张觉．荀子译注[M]．上海：上海古籍出版社，2012.

[19] 所罗门．大问题：简明哲学导论[M]．张卜天，译．桂林：广西师范大学出版社，2008.

[20] 黑格尔．哲学史讲演录（第一卷）[M]．北京：商务印书馆，1959.

[21] 张靖杰．传习录[M]．南京：江苏凤凰文艺出版社，2015.

[22] 度阴山．知行合一王阳明[M]．北京：北京联合出版公司，2014.

[23] 钱穆．论语新解[M]．北京：生活·读书·新知三联书店，2002.

[24] 檀作文．曾国藩家书[M]．北京：中华书局，2016.

[25] 俊雅．李煜词传[M]．武汉：长江文艺出版社，2017.

[26] 恩格斯．自然辩证法[M]．北京：人民出版社，1962.

[27] 休谟．人类理智研究[M]．北京：商务印书馆，1999.

[28] 中共中央马克思恩格斯列宁斯大林著作编译局．列宁专题文集·论辩证唯物主义和历史唯物主义[M]．北京：人民出版社，2009.

[29] 陈鼓应，白奚．老子评传[M]．南京：南京大学出版社，2011.

[30] 范文澜，蔡美彪．中国通史简编[M]．北京：北京联合出版公司，2020.

[31] 司马迁．史记[M]．上海：上海古籍出版社，2016.

[32] 张岱年．中国哲学大纲[M]．北京：商务印书馆，2017.